数学
基礎セミナー

日本大学文理学部数学科 編

日本評論社

まえがき

　数学科入学おめでとう．これから数学の勉強をするのですが，高校の数学とのギャップに悩む人が多いようです．高校では計算が主体だったという人が多いかもしれませんが，大学の数学は証明，論証が大事になります．

　この本はそういう悩みをできるだけわかりやすく解決することを目的としています．論証に大事な集合，写像などの概念を例をたくさん出しながら理解するようにしています．

　数学の論証は基本的に集合，写像の言葉で述べられるので，集合，写像の言葉が自由に，自然に使えるようになるのは大変重要です．

　第3, 4章では実数の連続性，複素数を扱います．複素数を図形的にとらえると見やすく，数学が楽しくなります．また，応用として「複素数係数の方程式は必ず複素数の解をもつ」という「代数学の基本定理」と3次方程式の解法を述べてあります．

　第5章は「命題と論理」です．いろいろな命題の否定，逆，対偶などをたくさん練習して命題に関することなら何を言われても大丈夫という気持ちになって下さい．

　「付録」には少し進んだ集合論と，数の基礎である自然数の公理的扱いが書いてあります．連続濃度と可算濃度の違い (実数の集合は番号付けできない)，選択公理などの無限集合の理論はいろいろと不思議な世界です．このような題材を簡潔に扱った本はあまりないので役に立つと思います．

　なお，本書は各章ごとに独立に読めるようになっているので，気が向いたところから読んでみて下さい．

　この本は日本大学文理学部数学教室のメンバーが手分けをして書いた原稿を松浦豊が編集・加筆したものです．このテキストは当数学科では新入生のセミナーで使うように編集されています．読者の数学の入門に役立てて頂ければ幸いです．

日本大学文理学部数学教室 (2003年2月)

目次

まえがき ... i

第1章 準備 ... 1

第2章 集合と写像 ... 6
   2.1 集合 ... 6
   2.2 集合の表示法 ... 6
   2.3 部分集合 ... 7
   2.4 和集合 (union) と共通部分 (intersection) ... 10
   2.5 集合族 ... 18
   2.6 直積集合 (cartesian product) ... 21
   2.7 写像 ... 24
   2.8 写像の合成 ... 27
   2.9 全射, 単射, 全単射 ... 29
   2.10 像, 逆像 ... 34
   第2章への付録：集合と写像 (上極限集合と下極限集合) ... 46

第3章 実数とその連続性 ... 50

第4章 複素数 ... 63
   4.1 四則演算と共役, 平面表示と絶対値 ... 63
      4.1.1 四則演算と共役 ... 63
      4.1.2 複素数の平面表示と絶対値 ... 65
   4.2 極形式表示と積, 冪乗, 冪根 ... 67
      4.2.1 複素数の四則演算と作図 ... 74
      4.2.2 3次方程式の解法 ... 77
   4.3 代数学の基本定理 ... 80
   第4章への付録：方程式と作図 ... 82

第 5 章	命題と論理	88
5.1	定義を理解するということ	88
5.2	命題とその否定の言い換え	91
5.2.1	否定命題の言い換え	91
5.2.2	「かつ (and)」	96
5.2.3	「または (or)」	98
5.2.4	「ならば (if ..., then ... .)」	100
5.2.5	「任意の (for all)」と「少なくとも 1 つ (there exists)」	103
5.3	記号による略記について	110
5.4	実数の集合の有界性の定義	112
	第 5 章への付録：論理と命題	118
第 6 章	集合 (付録 1)	122
6.1	2 項関係	122
6.2	同値関係	124
6.3	順序関係	129
6.4	集合の濃度	136
6.4.1	カントールの対角線論法	141
6.4.2	無限濃度の大小関係	143
6.4.3	無限濃度に関するいくつかの疑問	145
6.5	選出公理, 整列定理, Zorn の補題	147
第 7 章	自然数 (付録 2)	154
7.1	自然数とは	154
7.2	自然数の足し算	156
7.3	自然数のかけ算	161
7.4	自然数の大小関係	166
第 8 章	整数 (付録 3)	169
8.1	算術の基本定理	169
参考文献		178
索引		180

＃ 第 1 章
準備

　数学の講義においては，記号や用語などに英語がまじり，また独特の省略形を用いることが多い．それらのうち比較的よく出てくると思われるものだけ，この章でまとめておこう．記号の使用法などは教える人によって，表現が微妙に異なったりもする．本を読んだり講義を聴いたりして数学を学習していく際に非常に大切なことの 1 つは，記号化された数学的対象が具体的に何であるのかを理解しようとつねに心がけることである．そのための 1 つの方法は記号や式あるいは省略形が出てきたら，単純そうに見えることでも文章あるいは言葉にしてとらえるという練習をしてみることである．そうしないといつまでたってもアルファベットや記号が並んでいるだけで内容がとらえられない，ということになりかねない．

　"定理" については，改めて説明するまでもなかろう．"補題" は定理や命題の証明の流れを見やすくするために，一部の主張をまとめたものである．"命題" は定理というほどおおげさではないが，独立した主張としてまとめたもの

名称	英語	省略形
定理	Theorem	Th. または Thm.
補題	Lemma	Lem.
命題	Proposition	Prop.
定義	Definition	Def.
証明	Proof	Pf.
注意	Remark	Rem.
必要十分	if and only if	iff

表 1.1　表現

記号	意味	TeX の記号
$A \cap B$	集合 A と B の共通部分	`A\cap B`
$A \cup B$	集合 A と集合 B の和集合	`A\cup B`
A^c	A の補集合	
$\emptyset$	元が 1 つもない集合	`\emptyset`
$A \subset B$	A は B の部分集合	`A\subset B`
$A \supset B$	B は A の部分集合	`A\supset B`
$x \in A$	元 x は集合 A に属する	`x\in A`
$A \ni x$	元 x は集合 A に属する	`A\ni x`
max	最大	`\max`
min	最小	`\min`
sup	上限	`\sup`
inf	下限	`\inf`

表 **1.2** 記号

である．定義は，新しい概念の意味をはっきり定めるときに用いられるが，説明や議論の中で

$$f^{-1}(B) := \{x \in X \mid f(x) \in B\},$$

あるいは，式の途中で

$$f(x) \stackrel{\text{def}}{=} \frac{1}{\sqrt{2\pi}} e^{-x^2/2} \quad \left(f(x) := \frac{1}{\sqrt{2\pi}} e^{-x^2/2} \right)$$

などという形で左辺の $f^{-1}(B)$ や $f(x)$ を右辺のものとして定義することがある．

基本的な記号で，標準的な表現が定まっているものについて，表 1.2 にあげておこう．

$A \cap B$ は，交わり，積，共通部分，インターセクションなどと読む．また，$A \cup B$ は，和集合，ユニオンなどと読む．sup は supremum の略でスープ，inf は infimum の略でインフなどと省略して読むことが多い．蛇足だが，空集合の記号 $\emptyset$ は 0 (数字のゼロ) にスラッシュ (/) をつけたもので，ギリシャ文字の

記号	意味	TeX の記号
$\mathbb{N}$	自然数全体	\mathbb N
$\mathbb{Z}$	整数全体	\mathbb Z
$\mathbb{Q}$	有理数全体	\mathbb Q
$\mathbb{R}$	実数全体	\mathbb R
$\mathbb{C}$	複素数全体	\mathbb C

表 **1.3** 集合

ϕ (ファイ) とは異なる.

この本は TeX というコンピュータソフトを用いて作られている. このソフトは数学や物理の論文や書籍の出版には欠かせないもので, 数式を印刷するのにも大変便利にできている. いまや, 数学や物理を研究する人の必需品になっている. レポートを書くときなどに練習してみるとよいだろう. これを作ったのはコンピュータ科学の神様ともいわれる Donald Knuth で, フリー (つまり, 無料) のソフトである. TeX を用いた記号の表し方を添えておいた.

集合は何をその元としているかによって定義されるわけだが, 先ほどの定義の記述の仕方について述べた際の右辺に表記されているように

$$\{x \in \mathbb{N} : x \text{ は偶数}\}$$

または

$$\{x \in \mathbb{N} \mid x \text{ は偶数}\}$$

などと, カッコ { } と区切りを意味する : (コロン) または | (縦線) を用いて表す. : (コロン) と | (縦線) のどちらにするかは使い手の習慣であって, 両者に違いはない.

ここでついでにギリシャ文字を勉強しておこう. 数学では字の種類が沢山必要なのでいろいろな字を使う. $\aleph$ (アレフ) はヘブライ語の文字である. ギリシャ文字では $\alpha, \beta, \gamma, \delta, \varepsilon, \phi, \psi$ などがよく出てくる.

ギリシャ文字を表 1.4 にまとめておこう. 英語の文字とまったく同じものも多い. しかし, η と h, ζ と z, ξ と x, λ と l などわかりにくいものもあるし, ρ

大文字	小文字	読み	英語読みの綴り	対応するアルファベット
A	α	アルファ	alpha	a
B	β	ベータ	beta	b
Γ	γ	ガンマ	Gamma. gamma	g
Δ	δ	デルタ	Delta, delta	d
E	ε, ϵ	イプシロン	epsilon	e
Z	ζ	ゼータ	zeta	z
H	η	エータ	eta	h
Θ	θ	シータ	Theta, theta	
I	ι	イオタ	(iota)	i
K	κ	カッパ	kappa	k
Λ	λ	ラムダ	Lambda, lambda	l
M	μ	ミュー	mu	m
N	ν	ヌー	nu	n
Ξ	ξ	グジィ, グザイ	Xi, xi	x
O	o	オミクロン	(omicron)	o
Π	π	パイ	Pi, pi	p
P	ρ	ロー	rho	r
Σ	σ	シグマ	Sigma, sigma	s
T	τ	タウ	tau	t
Υ	υ	ウプシロン	Upsilon, upsilon	u
Φ	ϕ, φ	ファイ	Phi, phi	
X	χ	カイ	chi	
Ψ	ψ	プサイ	Psi, psi	
Ω	ω	オメガ	Omega, omega	

表 1.4　ギリシャ文字

と r, π と p など間違いやすいものもある. たとえば, x を使って, x_1 や x^k などの添字ではわかりにくいときには, 対応する ξ を用いたりすることもある.

　TeX を用いてギリシャ文字を表すときに, 綴りが必要になるので, これも表 1.4 にいれておいた. 大文字の綴りも書いてあるのは大文字が TeX にあるものである.

余談だが, 文字が逆さになっているといわれるロシア文字 (正確にはキリル文字) も実はギリシャ文字をベースに作られているので, ギリシャ文字を理解すると音だけでもたどれるようになる. ということは, 数学を勉強すると, ギリシャやロシア, セルビア, ブルガリアなどにいっても不自由しない (?).

第 2 章
集合と写像

2.1 集合

　一般には，漠然と，「もの」の集まりを集合という．しかし，数学では指定された対象がその集まりに属しているか否かが明確に判定できるときに限り，その集まりを**集合** (set) という．たとえば，「大きい数の集まり」に対しては集合という用語は用いない．しかし "明確に判定できる" といっても，いつでも簡単にできるわけではなく，難しい問題を含んでいる．たとえば非常に大きい自然数に対してそれが素数であるか否かを判定することは，一般的にはとても困難である．しかし数学では「素数全体の集り」を集合として考える．これは自然数全体の集合という 1 つの決まった集合の中で考えているということと，「素数」という概念が数学的に明確に定義されているからである．窮屈に考えすぎて集合という言葉を使うのに臆病になるよりも，当分はあまり気にせずにどんどん使ってみよう．集合を構成している各々の対象を，その集合の**要素** (element) あるいは元という．a が集合 A の元であることを $a \in A$ または $A \ni a$ と表し，元ではないことを $a \notin A$ または $A \not\ni a$ と表す．$a \in A$ であるとき a は A に属すという．有限個の元だけからなる集合を**有限集合** (finite set)，無限に多く元を含む集合を**無限集合** (infinite set) という．

2.2 集合の表示法

　集合を表示するのにカッコ { } を使うことが多い．たとえば 3 個の数字 $3, 4, 5$ だけを元とする集合を X とすると，$X = \{3, 4, 5\}$ となる．一般に，ある条件 $\cdots$ をみたす x の全体がなす集合を $\{x \mid \cdots\}$ と表す．上の集合 X は

$X = \{x \mid x \in \mathbb{N}, 3 \leq x \leq 5\}$ と書き直せる．記述に慣れてきたら誤解が生じない範囲でのヴァリエーションはさしつかえない．$X = \{x \in \mathbb{Z} \mid 3 \leq x \leq 5\}$ と表すことも多い．$\{x \mid x \in \mathbb{R}, -1 \leq x \leq 2\}$ は数直線上の閉区間 $[-1, 2]$ のことである．

問題 2.1 次の集合の元を 5 個書き出せ．
(1) $\{x \mid x = 2n, n \in \mathbb{N}\}$,
(2) $\{x \mid x = 3n - 7, n \in \mathbb{Z}\}$,
(3) $\{x \mid x = 3m + 5n, m, n \in \mathbb{Z}\}$.

問題 2.2 次の集合を $\{\ \}$ を使って表せ．
(1) 開区間 (a, b), ただし, a, b は $(a < b)$ をみたす実数とする．
(2) (1) と同じようにして種々の区間について考えよ．たとえば, a は含むが b は含まない区間[1] $[a, b)$ 等．
(3) 偶数全体．
(4) 3 で割ると 1 余る整数全体．
(5) 既約分数で表したとき分母が奇数である有理数全体．
(6) xy-平面上で原点を中心として半径 1 の円周上の点全体．

2.3 部分集合

定義 2.1 A, B を集合とする．A に属する任意の元が B にも属しているときに, A は B の **部分集合 (subset)** であるという (図 2.1)．

「任意の」という言葉は「勝手な」という言葉に置き換えてもよいし，「すべての」といってもよい．A が B の部分集合であるということを記号を用いて書くと，

$$[x \in A \Longrightarrow x \in B]$$

---

[1] このような区間を半開区間という．

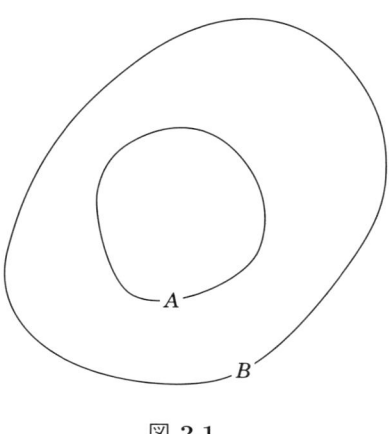

図 2.1

がなりたつことである, と簡潔に表現できる. ここで $\implies$ は「ならば」という意味を表す (論理) 記号である[2]. 定義より, すべての集合 A に対して, A は A の部分集合である.

A が B の部分集合であることを $A \subset B$ あるいは $B \supset A$ と表し, 「A は B に含まれる」あるいは「B は A を含む」という[3]. 次に集合 A と B が等しいということについて考えよう. 2 つの集合が等しいということはこれらの集合が含んでいる元が完全に一致しているということである. すなわち,

$$A = B \iff A \subset B \text{ かつ (and) } B \subset A.$$

したがって, $A = B$ を示すには 2 つの包含関係 $A \subset B$ と $B \subset A$ を示さなければならない. $A \subset B$ であって $A \neq B$ であるとき, A は B の**真部分集合 (proper subset)** であるという[4]. A が B の部分集合でないときは $A \not\subset B$ または $B \not\supset A$ と表す. たとえば $A = \{1, 2, 3\}$, $B = \{2, 3, 4, 5\}$ とすると, $1 \in A$ であるが $1 \notin B$ だから $A \not\subset B$ であり, 同様に $4 \in B$ であるが $4 \notin A$ だか

---

[2] このことを講義やテキストなどでは, 「$\forall x \in A$ に対して $x \in B$」, あるいはもっと簡略して「$\forall x \in A, x \in B$」などと表すことがある.

[3] 2 つの集合の間のこのような関係を**包含関係**という.

[4] テキストによっては $A \subseteq B$ という記号を用いている. 部分集合であることを示すのにこの記号を使ったときには, $A \subset B$ は A が B の真部分集合であることを意味することが多い.

ら $B \not\subset A$ でもある．この例から，実数の間の大小関係では $a \not\leq b$ ならば $b < a$ がなりたつが，集合の包含関係では $A \not\subset B$ であるからといって $B \subset A$ がなりたつと結論してはいけないことがわかる．ウッカリするとこの間違いをするので注意しなければいけない．

定義 2.2 1つも元を含まない集合というのを考えると便利なので，それを**空集合**といい $\emptyset$ と表す．

空集合 $\emptyset$ はすべての集合の部分集合である[5]．また，約束として $\emptyset$ は有限集合とする．

問題 2.3 $A \not\subset B$ を上の定義 2.1 のように文章で表現せよ．

問題 2.4 A, B を次のような集合とするとき，$A \subset B$ を示せ[6]．
(1) $A = \{x \mid x = 6n, n \in \mathbb{N}\}$, $B = \{x \mid x = 2n, n \in \mathbb{N}\}$.
(2) $A = \{x \mid x \in \mathbb{C}, x^4 = 1\}$, $B = \{x \mid x \in \mathbb{C}, x^8 = 1\}$.
(3) $A = \{(x, y) \mid (x, y) \in \mathbb{R}^2, x^2 \leq y\}$, $B = \{(x, y) \mid (x, y) \in \mathbb{R}^2, 2x - 1 \leq y\}$ (不等式で与えられている集合を図示することによって示す以外に，「$(x, y) \in A$ ならば $\cdots$，ゆえに $(x, y) \in B$」という形の証明をせよ)．

例 2.3 $A = \{x \mid x = 3m + 5n, m, n \in \mathbb{Z}\}$ とするとき $\mathbb{Z} = A$ を示してみよう．まず A の元は全て整数なのだから $A \subset \mathbb{Z}$ がわかる．次に $\mathbb{Z}$ の任意の整数 x に対して，$m = 2x, n = -x$ とすると $x = 3m + 5n$ と表せるので $x \in A$ となる．したがって $\mathbb{Z} \subset A$ が示された．ゆえに $\mathbb{Z} = A$ となる．

問題 2.5 (1) $A = \{x \mid x = 3m + 2n \ (m, n \in \mathbb{Z})\}$ とする．$A = \mathbb{Z}$ を示せ．
(2) $A = \{x \mid x = 2m \ (m \in \mathbb{Z})\}$, $B = \{x \mid x = 4k + 6l \ (k, l \in \mathbb{Z})\}$ とする．$A = B$ を示せ．

---

[5](証明) すべての集合 X に対して $[x \in \emptyset \Longrightarrow x \in X]$ がなりたつ (仮定「$x \in \emptyset$」が偽なので命題自身は真となる：論理の規約 (p.119) を参照). ゆえに $\emptyset \subset X$．

[6]集合 $\mathbb{R}^2$ については例 2.18 (p.23) 参照．

定義 2.4　集合 X の部分集合全体からなる集合,すなわち X の１つ１つの部分集合を元とする集合を X の**冪集合 (power set)** といい $\mathfrak{P}(X)$ あるいは 2^X 等で表す.

例 2.5　$X = \{1,2\}$ であるとき,$2^X = \{\varnothing, \{1\}, \{2\}, \{1,2\}\}$ である.ここで,空集合 $\varnothing$ と X 自身はともに 2^X の元であることに注意しよう.

問題 2.6　　(1) 空集合の冪集合 $\mathfrak{P}(\varnothing)$ を,記号 { } を用いて表せ.
(2) $X = \{1,2,3\}$ のとき,2^X を { } を用いて表せ.
(3) 集合 X の元の個数が n ($n \in \mathbb{Z}, 0 \leq n$) のとき 2^X の元の個数を求めよ.

2.4　和集合 (union) と共通部分 (intersection)

定義 2.6　A, B を集合とする.A だけにか B だけにまたは A と B の両方に属している[7] 元全体の集合を A と B の**和集合 (union)** といい $A \cup B$ と表す (図 2.2)：

$$A \cup B := \{x \,|\, x \in A \text{ または (or) } x \in B\}.$$

定義 2.7　A, B 両方に属している元全体の集合を A と B の**共通部分 (intersection)** といい $A \cap B$ と表す (図 2.3)：

$$A \cap B := \{x \,|\, x \in A \text{ かつ (and) } x \in B\}.$$

ここで「または」と「かつ」という言葉がでてきたが,これらの使い分けは数学の議論,推論を進めていく上で非常に基本的になってくる[8].集合 A, B が2つの条件 $P(x), Q(x)$ によってそれぞれ

$$A := \{x \,|\, x \text{ は } P(x) \text{ をみたす }\},$$
$$B := \{x \,|\, x \text{ は } Q(x) \text{ をみたす }\}$$

---

[7] このことを「A と B の少なくとも一方に属する」と表現する.
[8] or については 5.2.3 (p.98), and については 5.2.2 (p.96) を参照.

2.4 和集合 (union) と共通部分 (intersection)

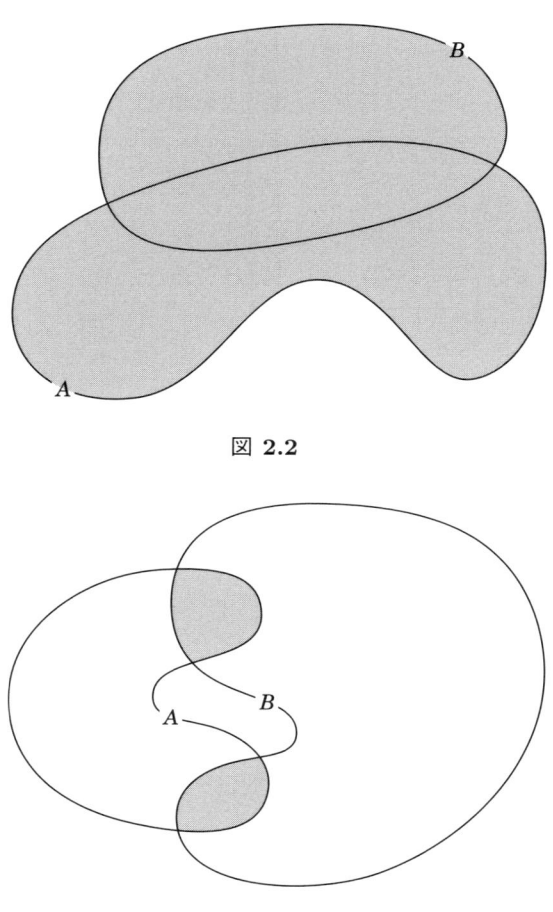

図 2.2

図 2.3

と定義されているならば, 和集合と共通部分はそれぞれ

$$A \cup B = \{x \,|\, x \text{ は } P(x) \text{ をみたすかまたは } x \text{ は } Q(x) \text{ をみたす }\},$$

$$A \cap B = \{x \,|\, x \text{ は } P(x) \text{ をみたしかつ } x \text{ は } Q(x) \text{ をみたす }\}$$

となるわけである.

2 つの集合 A と B に共通の元がないことは, 空集合の記号 $\emptyset$ を使うと

$$A \cap B = \varnothing$$

と表せる．このとき A と B は**互いに素 (disjoint)** であるということがある．

例 2.8 実数 x について，条件 $P(x)$ を「x は有理数である」とし，条件 $Q(x)$ を「x は無理数である」とする．このとき，集合 A, B を

$$A := \{x \mid x \in \mathbb{R}, x \text{ は有理数である }\},$$
$$B := \{x \mid x \in \mathbb{R}, x \text{ は無理数である }\}$$

と定義すると，

$$A \cup B = \{x \mid x \in \mathbb{R}, x \text{ は有理数であるかまたは } x \text{ は無理数である }\},$$
$$A \cap B = \{x \mid x \in \mathbb{R}, x \text{ は有理数でありかつ } x \text{ は無理数である }\}$$

となる．したがって，

$$A \cup B = \mathbb{R}, \quad A \cap B = \varnothing.$$

定義 2.9 A に属しているが B には属さない元全体の集合を A に関する B の**差集合**あるいは**補集合**といい $A - B$, $A \backslash B$ などで表す (図 2.4)：

$$A - B := \{x \mid x \in A \text{ and } x \notin B\}.$$

あらかじめ決まっている集合 X の中で議論していることがわかっているときは，X の部分集合 A に対して $X - A$ は単に A^c と表し A の**補集合 (complement)** という．A^c という記号は全体集合が何であるかが指定されていなければ意味がない．

問題 2.7 $X = \{1, 2, 3, 4, 5, 6, 7\}$ とする．次の集合の元をすべて求めよ：

$$\{A \mid A \in 2^X, 1 \in A, A \cap \{2, 3\} = \varnothing, A \cap \{4, 5\} = \{4\}\}.$$

問題 2.8 次の等式を確認せよ．
(1) $A = (A - B) \cup (A \cap B)$,
(2) $A \cup B = (A - B) \cup B$,

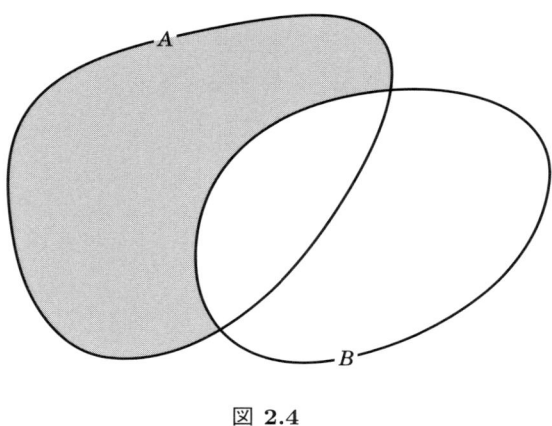

図 2.4

(3) $A \cap B = A - (A - B)$.

和集合, 共通部分の定義から次のことがわかる.

命題 2.10

(1) $A \subset A \cup B$, $B \subset A \cup B$,
(2) $A \cap B \subset A$, $A \cap B \subset B$,
(3) $A \cup B \subset C \Longleftrightarrow A \subset C$ かつ $B \subset C$,
(4) $C \subset A \cap B \Longleftrightarrow C \subset A$ かつ $C \subset B$.

命題 2.10 の (1) と (3) から包含関係に関して, $A \cup B$ は A, B 両方を含む最小の集合であり, (2) と (4) から $A \cap B$ は A, B 両方に含まれる最大の集合であることがわかる.

これまでに定義した和集合や共通部分あるいは補集合をとるといった, 1 つあるいは複数の集合からあらたに 1 つの集合を作る操作を一般に集合演算という. ここで集合演算についての基本的性質をまとめておこう. 形式的なこともあるが確認の意味で書いておく.

命題 2.11

(1) (交換律)

$$A \cup B = B \cup A,$$
$$A \cap B = B \cap A,$$

(2) (結合律)
$$(A \cup B) \cup C = A \cup (B \cup C),$$
$$(A \cap B) \cap C = A \cap (B \cap C),$$

(3) $A \cup \varnothing = A$, $A \cap \varnothing = \varnothing$,
(4) (分配律)
$$(A \cup B) \cap C = (A \cap C) \cup (B \cap C),$$
$$(A \cap B) \cup C = (A \cup C) \cap (B \cup C),$$

(5) $A \cup B = (A - B) \cup (A \cap B) \cup (B - A)$.

証明 (4) $x \in (A \cup B) \cap C$ ならば $x \in A \cup B$ かつ $x \in C$ がなりたつ．すなわち，$x \in A$ または $x \in B$ であってかつ $x \in C$ である．したがって，$x \in A$ のときは $x \in A \cap C$ であり $x \in B$ のときは $x \in B \cap C$ である．よって $x \in A \cap C$ または $x \in B \cap C$ がなりたち，$x \in (A \cap C) \cup (B \cap C)$ となる．ゆえに，$(A \cup B) \cap C \subset (A \cap C) \cup (B \cap C)$ がなりたつ．

一方，$A \subset A \cup B$ であるから $A \cap C \subset (A \cup B) \cap C$ である．同様にして，$B \cap C \subset (A \cup B) \cap C$ がなりたつ．ゆえに，$(A \cup B) \cap C \supset (A \cap C) \cup (B \cap C)$ がなりたつ．

以上により，$(A \cup B) \cap C = (A \cap C) \cup (B \cap C)$ が証明された． ■

注意 2.1 等式 $A \cup B = (A - B) \cup (A \cap B) \cup (B - A)$ の右辺に現れた 3 つの集合はどの 2 つをとっても共通部分が空集合である，このようなとき**互いに素な和集合 (disjoint union)** になっているという．

問題 2.9 命題 2.11 の残りの証明をせよ．

有限集合 X に対して，X の元の個数を $\sharp(X)$ あるいは $|X|$ と表す．たとえば，$X = \{2, 5, 7\}$ ならば $\sharp(X) = 3$ である．

命題 2.12 A, B, C を 3 つの有限集合とする．次の等式がなりたつ．
(1) $B \subset A$ ならば $\sharp(A - B) = \sharp(A) - \sharp(B)$,
(2) $\sharp(A \cup B) = \sharp(A) + \sharp(B) - \sharp(A \cap B)$,
(3) $\sharp(A \cup B \cup C) = \sharp(A) + \sharp(B) + \sharp(C) - \sharp(A \cap B) - \sharp(A \cap C) - \sharp(B \cap C) + \sharp(A \cap B \cap C)$.

証明 (1) B が A の部分集合であるから，
$$A = B \cup (A - B) \quad \text{(disjoint union)}.$$
したがって，
$$\sharp(A) = \sharp(B) + \sharp(A - B).$$
ゆえに，
$$\sharp(A - B) = \sharp(A) - \sharp(B).$$
(2) $A \cup B = (A - (A \cap B)) \cup B$ (disjoint union) で $A \cap B \subset A$ であるから，
$$\sharp(A \cup B) = \sharp(A - (A \cap B)) + \sharp(B)$$
$$= \sharp(A) + \sharp(B) - \sharp(A \cap B).$$
(3) $A \cup B \cup C = (A \cup B) \cup C$ であるから，
$$\sharp(A \cup B \cup C)$$
$$= \sharp(A \cup B) + \sharp(C) - \sharp((A \cup B) \cap C)$$
$$= \sharp(A) + \sharp(B) - \sharp(A \cap B) + \sharp(C) - \sharp((A \cup B) \cap C).$$
ここで，分配律により $(A \cup B) \cap C = (A \cap C) \cup (B \cap C)$ であるから，
$$\sharp((A \cup B) \cap C)$$
$$= \sharp((A \cap C) \cup (B \cap C))$$
$$= \sharp(A \cap C) + \sharp(B \cap C) - \sharp(A \cap B \cap C)$$
である．したがって，

$$\sharp(A \cup B \cup C)$$
$$= \sharp(A \cup B) + \sharp(C) - \sharp((A \cup B) \cap C)$$
$$= \sharp(A) + \sharp(B) + \sharp(C) - \sharp(A \cap B) - \sharp(A \cap C) - \sharp(B \cap C)$$
$$\quad + \sharp(A \cap B \cap C)$$

となる．■

問題 2.10 有限集合 A, B に対して $\sharp(A - B) = \sharp(A) - \sharp(A \cap B)$ を示し，これを用いて命題 2.12 (1) の逆が成り立つことを証明せよ．

問題 2.11 命題 2.12 (3) を 4 つの有限集合に対して考えよ．

問題 2.12 ある酒造会社が，日本酒，ビール，ウイスキーのうち少なくとも一種類は好むという 100 人を対象にアンケートを取った資料として，次のデータを公表した：日本酒が好きな人は 45 人，ビールが好きな人は 85 人，ウイスキーが好きな人は 60 人，日本酒とビールが好きな人は 30 人，日本酒とウイスキーが好きな人は 25 人，ビールとウイスキーが好きな人は 55 人，3 つとも好きな人は 12 人．この資料は信頼できるかどうか考えよ．

命題 2.13 A, B は集合 X の部分集合とする．このとき，次がなりたつ．
(1) $(A^c)^c = A$,
(2) $A \cup A^c = X$, $A \cap A^c = \varnothing$,
(3) $A \subset B \iff A^c \supset B^c$,
(4) $A - B = A \cap B^c$,
(5) $(A \cup B)^c = A^c \cap B^c$,
(6) $(A \cap B)^c = A^c \cup B^c$.

上の命題の (5), (6) を **De Morgan** (ド・モルガン) の法則あるいは公式という．

問題 2.13 命題 2.13 を証明 (確認) せよ．

問題 2.14 A, B が次の (1) 〜 (3) の集合であるとき, $A \cup B, A \cap B, A - B$, $B - A$ それぞれを $\{\ \}$ を用いて表せ.
(1) $A = \{1, 2, 3\}, B = \{2, 3, 4, 5\}$,
(2) $A = \{1, 2, 3, \{2, 3\}\}, B = \{1, \{2\}, \{2, 3\}\}$,
(3) $A = \{x \in \mathbb{R} \mid -1 \leq x < 2\}, B = \{x \in \mathbb{R} \mid 0 < x \leq 3\}$.

問題 2.15 2 つの集合 A, B に対して, $A \subset B$ であるための必要十分条件は $2^A \subset 2^B$ であることを証明せよ.

問題 2.16 $f(x), g(x)$ を実数全体の上で定義された実数値関数とする. 各実数 r に対する 2 つの関数値 $f(r)$ と $g(r)$ の最小値, 最大値をそれぞれ $\min\{f(r), g(r)\}$, $\max\{f(r), g(r)\}$ で表す. そして 4 つの集合 A, B, C, D を次のように定義する:
$$A = \{r \mid r \in \mathbb{R}, f(r) < s\},$$
$$B = \{r \mid r \in \mathbb{R}, g(r) < s\},$$
$$C = \{r \mid r \in \mathbb{R}, \min\{f(r), g(r)\} < s\},$$
$$D = \{r \mid r \in \mathbb{R}, \max\{f(r), g(r)\} < s\}.$$
ただし s はある定数とする. このとき $A \cup B = C, A \cap B = D$ を示せ.

これまでは 2 つの集合に対して和集合や共通部分を考えてきたが, これらは 3 つ以上の集合に対してもまったく同様に定義される. すなわち, n 個の集合 $A_1, A_2, A_3, \cdots, A_n$ に対して, 和集合を
$$A_1 \cup A_2 \cup A_3 \cup \cdots \cup A_n$$
$$:= \{x \mid x \in A_i \text{ for some } i \ (1 \leq i \leq n)\},$$
共通部分を
$$A_1 \cap A_2 \cap A_3 \cap \cdots \cap A_n$$
$$:= \{x \mid x \in A_i \text{ for all } i \ (1 \leq i \leq n)\}$$

と定義する．和集合，共通部分はそれぞれ $\bigcup_{i=1}^{n} A_i$, $\bigcap_{i=1}^{n} A_i$ などで表す．ここで "for some" と "for all" という表現を用いたが，これらの違いを正確に理解することも数学を学ぶ上で非常に重要である．たとえば，ある実数値関数 $f(x)$ について，

$$f(x) > 0 \text{ for some } x \in \mathbb{R}$$

という命題と

$$f(x) > 0 \text{ for all } x \in \mathbb{R}$$

という命題とはまったく違う．もっと日常的な話に例をとると，「このクラスにはメガネをかけている人がいる」（あるいは「このクラスのある人はメガネをかけている」）というのと，「このクラスのどの人もメガネをかけている」という 2 つの命題の違いは誰でも納得するであろう[9]．さらに無限個の集合 $A_1, A_2, A_3, \cdots, A_n, \cdots$ に対しても和集合，共通部分をまったく同様に定義することができる：

$$\bigcup_{i=1}^{\infty} A_i := \{x \mid x \in A_i \text{ for some } i \in \mathbb{N}\},$$
$$\bigcap_{i=1}^{\infty} A_i := \{x \mid x \in A_i \text{ for all } i \in \mathbb{N}\}.$$

問題 2.17 各自然数 n に対して，$X_n = \left\{x \mid x \in \mathbb{R}, -\dfrac{1}{n} < x \leq 1 + \dfrac{1}{n}\right\}$ とする．このとき $\bigcup_{n=1}^{\infty} X_n$ および $\bigcap_{n=1}^{\infty} X_n$ を求めよ．

2.5 集合族

ここで無限という言葉が出てきたが，数学ではよく無限大とか無限小などと「無限」を問題にする．ところが一口に無限と言っても，上のように自然数だけによる番号付けですべてを順番に並べ尽くせるものばかりではない．たとえば，

---

[9] for some (there exists) については 5.2.5.3 (p.108), for all については 5.2.5.1 (p.104), 5.2.5.2 (p.106) を参照．

後にわかることだが[10]，閉区間 $[0,1] = \{x \in \mathbb{R} \mid 0 \leq x \leq 1\}$ に属しているすべての実数に 1 番目，2 番目 $\cdots$ と自然数だけをもちいて番号付けをすることはできない．ここで座標平面上の原点を通る傾き a の直線上の点全体の集合を l_a と表すことにする．たとえば x-軸は l_0，直線 $y = x$ は $l_1, \cdots$ 等．このとき，l_0 と l_1 の (狭い方の) 間にある直線全体の集合を記述するのにはどのようにしたらよいか，ということが問題になる．これに対しては，たとえば

$$\{l_a \mid a \in \mathbb{R}, 0 \leq a \leq 1\}$$

と表すことができるであろう．この場合は l_a の定義の中に a が実数であることがあらかじめ込められているから $\{l_a\}_{0 \leq a \leq 1}$ と表しても何を意味しているかがわかる．このように表記の方法はいろいろ有り得るので，窮屈に考えることはない．基本的なことは，他者にできるだけ誤解のないようにつたえる，ということである．

一般に，集合 I の各々の元 i に対して集合 X_i が定まっているとき，この X_i 達のなす"集合の集合"を I を添字集合とする**集合族 (family of sets)** といい

$$\{X_i \mid i \in I\}, \quad \{X_i\}_{i \in I}$$

などと表す．各々の集合 X_i がすべてある 1 つの集合 X の部分集合であるときは，X の**部分集合族**という．これまで学んできた和集合，共通部分といった概念は，このような一般の集合族に対してもそのまま同じ形で定義できて，集合演算，De Morgan の法則などはすべてなりたつ．

集合演算の基本事項であるから確認しておこう．集合族 $\{X_i \mid i \in I\}$ に対して，この集合族の和集合，共通部分をそれぞれ $\bigcup_{i \in I} X_i$, $\bigcap_{i \in I} X_i$ と表し次のように定義する：

定義 2.14 (集合族の和集合，共通部分)

$$\bigcup_{i \in I} X_i := \{x \mid x \in X_i \text{ for some } i \in I\},$$

---

[10] 定理 6.30 (p.141) 参照

$$\bigcap_{i \in I} X_i := \{x \mid x \in X_i \text{ for all } i \in I\}.$$

命題 2.15

(1) $\left(\bigcup_{i \in I} X_i\right) \cap Y = \bigcup_{i \in I} (X_i \cap Y),$

(2) $\left(\bigcap_{i \in I} X_i\right) \cup Y = \bigcap_{i \in I} (X_i \cup Y).$

もし $\{X_i \mid i \in I\}$ がある集合の部分集合族ならば

(3) $\left(\bigcup_{i \in I} X_i\right)^c = \bigcap_{i \in I} (X_i)^c,$

(4) $\left(\bigcap_{i \in I} X_i\right)^c = \bigcup_{i \in I} (X_i)^c.$

問題 2.18 命題 2.15 を証明せよ．

▶▶ お話　"集合族"という考え方が出てきたので，「**選出公理 (選択公理)** **(Axiom of choice)**」と呼ばれている事柄について紹介しておこう．この"公理"からは，数学の多くの分野で非常に基本的で重要な定理が証明され，これなくしては"無限に多くの数学的対象"を問題とする数学の理論の多くがまったく豊かさを失ってしまう，と言っても過言ではない．しかし，この一見当然そうに見える"公理"からは，不思議なことに実に悩ましくも奇妙に思える定理が証明されるのである[11]．

次の主張 (statement) について考えてみよう：

「空でない互いに素な集合達の集合族 $\{X_i \mid i \in I\}$ に対して，すべての $i \in I$ について X_i との共通部分が唯一つだけの元となる $\bigcup_{i \in I} X_i$ の部分集合 S が存在する」

記号を用いて表現すると，

---

[11] この公理から，バナッハ–タルスキーのパラドックス (Banach-Tarski Paradox) とよばれる次の定理が証明される：「1 つの半径 1 の球体に対して，それを適当に有限個の部分に分割して 2 点間の距離を変えない変換を有限回繰り返すことにより組替えて，いくらでも大きい半径 (たとえば太陽のような) の球体を何個でも有限個作ることができる」— これはあくまでも，分割と変換についての**存在定理**である．実際にナイフと接着剤で実現できるわけではない．

$$\{X_i \,|\, i \in I\},\ X_i \neq \varnothing\ (^\forall i \in I),\ X_i \cap X_j = \varnothing\ (i \neq j)$$

ならば $\hspace{8cm}$ (AC–(1))

$^\exists S \subset \bigcup_{i \in I} X_i$ s.t. (such that) $\sharp(S \cap X_i) = 1$ for $^\forall i \in I$.

イメージをつかむために簡単な例をみてみよう．

$$X_1 = \{a, b, c\},$$
$$X_2 = \{x, \{b, c\}\},$$
$$X_3 = \{y, 4\}$$

と定める．添え字集合 I は $I = \{1, 2, 3\}$ である．

このとき $X_1 \cup X_2 \cup X_3 = \{a, b, c, \{b, c\}, x, y, 4\}$ であるから，AC–(1) において存在を主張する S としては，たとえば，$S = \{a, x, y\}$ が適する．もちろん S の選び方は他にもいろいろある．一般に I が有限集合ならば，すなわち有限集合族に対しては AC–(1) の主張が正しいことは誰でも認めるだろう．そして I がどんな集合であっても正しそうな感じがする．それでこの主張 AC–(1) を，誰でも "証明" など無くても認められることであろうという意味で，"公理" とした．「選出公理」といったのは，S が各 X_i それぞれの集合から元を 1 つずつ選んできて作った集合だからである．ところが I が無限集合のときには話はそう単純ではなかった．たとえば，個々の集合 X_i から元を 1 つ選ぶことはできるが，これをすべての集合 $X_i\ (i \in I)$ 達に対して<u>一斉に</u>できる，あるいは各々の集合 X_i からどの元を選び出すのかが明示されていないのに集合 S が存在すると主張するところに議論が生じるのである．── 集合の "定義"（定義 2.1）を思い出して考えてみよう．(続く)

2.6　直積集合 (cartesian product)

A, B を集合とする．A の元 a と B の元 b に対して，a と b の順序も考えに入れた組 (a, b) を**順序対 (ordered pair)** と呼ぶ[12]．すなわち，$a, a' \in A$ で，

---

[12] 数直線上の開区間と同じ記号であるが誤解の恐れは無いであろう．

$b, b' \in B$ であるとき, 2 つの順序対 (a,b) と (a',b') に対して $(a,b) = (a',b')$ とは $a = a'$ かつ $b = b'$ となっていることであると定義する[13]).

注意 2.2 a と b だけを元とする集合を表す記号 $\{a,b\}$ と順序対を表す記号 (a,b) の違いに気を付けよう[14]).

定義 2.16 A の元と B の元の順序対全体の集合を A と B の**直積集合**といい, $A \times B$ と表す:

$$A \times B := \{(a,b) \mid a \in A, b \in B\}.$$

$A = B$ のとき $A \times B$ を A^2 と表す.

注意 2.3 一般に, A^2 は A の 2 乗とは読まない.

例 2.17 (1) $A = \{1,2\}$, $B = \{x, y, z\}$ とする.

$$A \times B = \{(1,x), (1,y), (1,z), (2,x), (2,y), (2,z)\},$$
$$B \times A = \{(x,1), (x,2), (y,1), (y,2), (z,1), (z,2)\}.$$

この例で, $A \times B \neq B \times A$ となっていることに注意しよう.

(2) $A = \{1, 2, z\}$, $B = \{1, y, z\}$ とする. $(2,1) \in A \times B$ であるが, $2 \notin B$ だから $(1,2) \notin A \times B$ であり, $(z,1), (1,z)$ はともに $A \times B$ の元である.

問題 2.19 空でない 2 つの集合 A, B に対して $A \times B = B \times A$ である必要十分条件は $A = B$ であることを示せ.

問題 2.20 次の (1), (2), (3) は互いに同値であることを示せ:

[13)]今後このような定義の仕方の場合,
$$(a,b) = (a',b') \overset{\text{def}}{\iff} a = a', b = b'$$
と書くことがある.

[14)]あえて集合記号カッコ $\{\ \}$ を使って表すならば, $(a,b) = \{\{a\}, \{a,b\}\}$ となる. しかしこれは繁雑である.

問題: $\{\{a\}, \{a,b\}\} = \{\{a'\}, \{a',b'\}\} \iff a = a', b = b'$ を証明してみよ.

(1) $(x, y) \in (A \times B) \cap (B \times A)$,
(2) $(y, x) \in (A \times B) \cap (B \times A)$,
(3) $x, y \in A \cap B$.

問題 2.21 集合 A, B と $a \in A$ に対して
$$(A \times B) - (\{a\} \times B) = (A - \{a\}) \times B$$
を示せ.

有限個の集合 $A_1, A_2, A_3, \cdots, A_n$ に対しても, それぞれの集合 A_i ($1 \leq i \leq n$) からとってきた元 $a_i \in A_i$ 達の順序も考えに入れた組 $(a_1, a_2, a_3, \cdots, a_n)$ の全体を集合族 $A_1, A_2, A_3, \cdots, A_n$ の直積集合といい, $A_1 \times A_2 \times A_3 \times \cdots \times A_n$ で表す:

$$A_1 \times A_2 \times A_3 \times \cdots \times A_n$$
$$:= \{(a_1, a_2, a_3, \cdots, a_n) \mid a_i \in A_i \ (1 \leq i \leq n)\}.$$

$A = A_1 = A_2 = A_3 = \cdots = A_n$ のときは $A_1 \times A_2 \times A_3 \times \cdots \times A_n$ を A^n と表す.

例 2.18 平面上に直交軸を定め, 各点に対して実数の順序対を対応させてその点の座標といい, この平面を座標平面と呼んだ. 座標平面を $\mathbb{R}^2 = \{(x, y) \mid x, y \in \mathbb{R}\}$ で表す. 同様に座標空間も $\mathbb{R}^3$ と表す. 一般に, 自然数 n に対して $\mathbb{R}^n$ を n 次元空間と呼ぶことがある.

直積集合に関係する基本的な事項をまとめておこう.

命題 2.19
(1) $A \times \varnothing = \varnothing, \varnothing \times A = \varnothing$,
(2) $(A \cup B) \times C = (A \times C) \cup (B \times C), A \times (B \cup C) = (A \times B) \cup (A \times C)$,
(3) $(A \cap B) \times C = (A \times C) \cap (B \times C), A \times (B \cap C) = (A \times B) \cap (A \times C)$,
(4) $\left(\bigcup_{i \in I} A_i \right) \times B = \bigcup_{i \in I} (A_i \times B), A \times \left(\bigcup_{j \in J} B_j \right) = \bigcup_{j \in J} (A \times B_j)$,

(5) $\left(\bigcap_{i\in I} A_i\right) \times B = \bigcap_{i\in I}(A_i \times B)$, $A \times \left(\bigcap_{j\in J} B_j\right) = \bigcap_{j\in J}(A \times B_j)$,

(6) $\left(\bigcup_{i\in I} A_i\right) \times \left(\bigcup_{j\in J} B_j\right) = \bigcup_{(i,j)\in I\times J}(A_i \times B_j)$,

(7) $\left(\bigcap_{i\in I} A_i\right) \times \left(\bigcap_{j\in J} B_j\right) = \bigcap_{(i,j)\in I\times J}(A_i \times B_j)$.

問題 2.22 (1) 命題 2.19 を証明せよ．

(2) $\left(\bigcup_{i\in I} A_i\right) \times \left(\bigcap_{j\in J} B_j\right)$, $\left(\bigcap_{i\in I} A_i\right) \times \left(\bigcup_{j\in J} B_j\right)$ はそれぞれどのように書き換えられるか考えよ．

有限個の集合からなる集合族に対してその直積集合を定義したが，実は任意の集合族に対しても直積集合を定義することができる．このこと及び前出の"お話"に登場した選出公理をよりスッキリして使い易い形に書き換えることとは密接に関係している．これについては，次に学ぶ写像の概念の後に続けることにする．

2.7 写像

定義 2.20 X, Y を集合とする．X の各々 1 つの元に対して Y の元を 1 つずつ対応させる対応規則 f[15] があるとき，f を X から Y への**写像 (map, mapping)** といい，$f: X \longrightarrow Y$ と表す．写像 $f: X \longrightarrow Y$ によって X の元 x に対応する Y の元が y であることを $y = f(x)$ と表し，この対応の"様子"を $x \longmapsto f(x)$ と表す．また，集合 X を写像 f の**定義域**といい，Y の部分集合

$$f(X) := \{y \mid y \in Y, y = f(x) \text{ for some } x \in X\}$$

を写像 f の**値域**という[16]．

---

[15] (議論を進めやすくするために) 規則に f という文字を割り振った (名前をつけた) ということ．

[16] $f(X)$ は $\{f(x) \mid x \in X\}$ と略記することが多い．また，Y を値域ということもある．あるいは，X を始集合 (source)，Y を終集合 (target, (仏) but) ということもある．

写像の定義により，1つの写像は，2つの集合 X, Y とその間の対応規則 f の 3 つ組によって決定される．したがって，たとえば，$X = \mathbb{N}, Y = \mathbb{N}, Z = \{2n \mid n \in \mathbb{Z}\}$ として，2 つの写像をそれぞれ

$$f : X \longrightarrow Y \quad (f(n) := 2n \ (n \in \mathbb{N})),$$
$$g : X \longrightarrow Z \quad (g(n) := 2n \ (n \in \mathbb{N}))$$

と定義するとき，これらは異なる写像である．なぜならば，f と g は定義域も対応規則も同じであるが対応先の集合 (終集合) が違うからである．このことをはっきり認識しておくことは，写像についての「全射，単射，全単射」(2.9 節) という概念を理解するうえで重要となる．

例 2.21 $X = \{1, 2, 3, 4\}, Y = \{a, b, c\}$ とする．このとき X から Y への写像を決めるということは，X の各々の元に Y のどの元を対応させるのかを明示しなければならないのだから，たとえば

$$1 \longmapsto c = f(1),$$
$$2 \longmapsto a = f(2),$$
$$3 \longmapsto a = f(3),$$
$$4 \longmapsto c = f(4)$$

と決めることによって 1 つの写像 $f : X \longrightarrow Y$ が確定したことになる．値域は $\{a, c\}$ である．

問題 2.23 (1) $X = \{1, 2, 3, 4\}, Y = \{a, b, c\}$ とする．X から Y への写像を 3 つ与えよ．また，X から Y への写像は全部で何個あるか求めよ．

(2) X, Y がともに有限集合で $m = \sharp(X), n = \sharp(Y)$ であるとき X から Y への写像は全部で何個あるか求めよ．

例 2.22 (1) これまでに学んだ関数も写像である．たとえば，実変数 x の関数 (実数を変数とする関数) $f(x) = x^2 \ (x \in \mathbb{R})$ は，各実数 $r \in \mathbb{R}$ に対して実数 $r^2 \in \mathbb{R}$ を対応させる規則をあたえているから，$\mathbb{R}$ から $\mathbb{R}$ への写像とみな

せる．この写像を
$$f:\mathbb{R}\longrightarrow\mathbb{R}\quad(r\longmapsto r^2)$$
などとあらわす[17]．値域は零以上の実数全体である．

(2) 実変数関数 $g(x)=1/(x-1)$ によって写像
$$g:\mathbb{R}-\{1\}\longrightarrow\mathbb{R}\quad\left(x\longmapsto\frac{1}{x-1}\right)$$
が定まる．値域は零以外の実数全体 $\mathbb{R}-\{0\}$ である．

(3) 直積集合 $\mathbb{R}^2$ から $\mathbb{R}$ への写像
$$f:\mathbb{R}^2\longrightarrow\mathbb{R}\quad\left((x,y)\longmapsto\frac{1}{x^2+y^2+1}\right)$$
の値域は区間 $(0,1]$ である．この写像は 2 変数の関数 $f(x,y)$ とも考えられる．

(4) $m\times n$ 実行列 A によって写像 $f_A:\mathbb{R}^m\longrightarrow\mathbb{R}^n$ $(f_A(v):=vA)$ がえられる．ただし vA は横ベクトル v と行列 A との積である[18]．

(5) X の各元 x に対してその x 自身を対応させる X から X への写像が考えられる．これを X の**恒等写像**といい
$$1_X:X\longrightarrow X\quad(x\longmapsto x)$$
と表す[19]．

(6) n 次単位行列 E からきまる写像 $f_E:\mathbb{R}^n\longrightarrow\mathbb{R}^n$ は $\mathbb{R}^n$ の恒等写像 $1_{\mathbb{R}^n}$ である．

(7) A を集合 X の部分集合とする．A の各元 a に対して，a を X の元と考

---

[17]ここで 2 つの文字 x と r を使ったのは，関数にあらわれる "変数" と写像にあらわれる $\mathbb{R}$ の各々の元すなわち "実数" との区別を強調したかったからである．いったんわかれば，以後混乱の恐れのない限り，書き分ける必要はない．では関数と写像との違いは何かというとあまりキチッとした約束はないようであるが，集合論以外では多くの場合関数という用語には "変化"，写像の方には "対応" という視点がそれぞれ強く感じられる．また写像において対応先の集合が $\mathbb{R}$ や $\mathbb{C}$ のように数の集合であるときも関数という用語を用いることが多いようだが，2 つの用語をまったく同じに使っている場合もある．

[18]ベクトルを縦ベクトル表示したときには Av と，こことは逆の積表示になる．

[19]X の恒等写像は id_X あるいは i_X などで表すこともある．

えて，$a \in X$ を対応させることにより A から X への写像がえられる．これを A の**包含写像**といい

$$i_A : A \longrightarrow X \quad (a \longmapsto a)$$

と表すことがある．

2.8　写像の合成

定義 2.23　X, Y, Z を 3 つの集合とし，$f : X \longrightarrow Y, g : Y \longrightarrow Z$ を 2 つの写像とする．このとき，X の元 x に対して Y の元 $f(x)$ が決まり，さらに g によりこの元 $f(x)$ の像として Z の元 $g(f(x))$ が決まる．したがって，x に対して $g(f(x))$ を対応させる X から Z への写像 $x \longmapsto g(f(x))$ $(x \in X)$ が得られる．この写像を f と g の**合成写像 (composite mapping)** といい，記号 $g \circ f$ で表す：

$$g \circ f : X \longrightarrow Z \quad ((g \circ f)(x) := g(f(x))).$$

例 2.24　$X = \{1, 2, 3, 4\}, Y = \{a, b, c, d, e\}, Z = \{w, x, y, z\}$ とし，$f : X \longrightarrow Y$ を

$$1 \longmapsto c = f(1),$$
$$2 \longmapsto b = f(2),$$
$$3 \longmapsto a = f(3),$$
$$4 \longmapsto c = f(4),$$

$g : Y \longrightarrow Z$ を

$$a \longmapsto x = g(a),$$
$$b \longmapsto w = g(b),$$
$$c \longmapsto z = g(c),$$
$$d \longmapsto x = g(d),$$

$$e \longmapsto z = g(e)$$

とする.このとき,$g \circ f : X \longrightarrow Z$ は

$$1 \longmapsto z = g \circ f(1),$$
$$2 \longmapsto w = g \circ f(2),$$
$$3 \longmapsto x = g \circ f(3),$$
$$4 \longmapsto z = g \circ f(4)$$

となる.

ところで,写像 $f' : X \longrightarrow Y$ を

$$1 \longmapsto c = f'(1),$$
$$2 \longmapsto b = f'(2),$$
$$3 \longmapsto d = f'(3),$$
$$4 \longmapsto e = f'(4)$$

と定義すると,$f(3) = a$, $f'(3) = d$ であるから $f \neq f'$ であるが,$g \circ f = g \circ f'$ である.

この例から,一般に,「$f \neq f'$ ならば $g \circ f \neq g \circ f'$」はなりたた<u>ない</u>ことがわかる.

問題 2.24 例 2.24 の集合 X, Y, Z と写像 f, g に対して,$g \neq g'$ であるが $g \circ f = g' \circ f$ をみたす写像 $g' : Y \longrightarrow Z$ の例を求めよ.

例 2.25 (1) 写像 $f : X \longrightarrow Y$ と X の部分集合 A に対して,包含写像 $i_A : A \longrightarrow X$ との合成写像 $f \circ i_A : A \longrightarrow Y$ を写像 f の A への**制限 (restriction)** といい,$f_{|A}$ と表すことがある.

(2) A を $l \times m$ 実行列,B を $m \times n$ 実行列とし,これらの行列により定義される写像 (例 2.22 (4)) をそれぞれ $f_A : \mathbb{R}^l \longrightarrow \mathbb{R}^m$, $f_B : \mathbb{R}^m \longrightarrow \mathbb{R}^n$ とする.このとき合成写像 $f_B \circ f_A : \mathbb{R}^l \longrightarrow \mathbb{R}^n$ は行列の積 AB によって定まる写像 f_{AB} に等しい:$f_B \circ f_A = f_{AB}$.

(3) 集合 X の冪集合 2^X に対して写像 $f : 2^X \longrightarrow 2^X$ を $f(A) := A^c$ と定義する (ただし, A^c は A の補集合). このとき, 等式
$$f \circ f = 1_{2^X}$$
がなりたつ.

問題 2.25 2 つの写像をそれぞれ $f : \mathbb{R} \longrightarrow \mathbb{R}\ (x \longmapsto x - 1)$, $g : \mathbb{R} \longrightarrow \mathbb{R}\ (x \longmapsto x^2)$ とする. このとき, 合成写像 $f \circ g, g \circ f, f \circ f, g \circ g$ を求めよ. すなわち, 各 $x \in \mathbb{R}$ に対し $(f \circ g)(x), \cdots$ を x の式で表せ.

問題 2.26 3 つの写像 $f : X \longrightarrow Y, g : Y \longrightarrow Z, h : Z \longrightarrow W$ の合成について, 等式
$$h \circ (g \circ f) = (h \circ g) \circ f$$
がなりたつことを証明せよ (写像の合成に関する**結合法則**).

注意 2.4 数の計算の場合と同じく, 写像の合成においても, 約束として, 括弧 (○) がついている方から先に合成する. すなわち, $h \circ (g \circ f)$ の場合はまず f と g を合成しその後 $g \circ f$ と h を合成する. $(h \circ g) \circ f$ では $h \circ g$ を先に求める:
$$(h \circ (g \circ f))(x) = h((g \circ f)(x)),$$
$$((h \circ g) \circ f)(x) = (h \circ g)(f(x)).$$

2.9　全射, 単射, 全単射

この節で学ぶ写像に関する概念は大変基本的なものであり重要である.

定義 2.26 写像 $f : X \longrightarrow Y$ について, Y のどんな元 y に対しても $y = f(x)$ をみたす X の元 x が存在するとき, すなわち,
$$\forall y \in Y, \exists x \in X \text{ s.t. } y = f(x)$$

がなりたつとき,写像 f は**全射 (surjection)** であるという.また,X の元 x, x' に対して $x \neq x'$ ならばつねに $f(x) \neq f(x')$ となるとき,すなわち,

$$x, x' \in X, x \neq x' \Longrightarrow f(x) \neq f(x')$$

がなりたつとき,写像 f は**単射 (injection)** であるという.

写像 f は,全射でありかつ単射であるとき,**全単射 (bijection)** であるという.

例 2.27 (1) $X = \{1, 2, 3, 4\}$, $Y = \{a, b, c\}$ とし,$f : X \longrightarrow Y$ を

$$1 \longmapsto c = f(1),$$
$$2 \longmapsto b = f(2),$$
$$3 \longmapsto b = f(3),$$
$$4 \longmapsto c = f(4)$$

とする.f によって a に対応する X の元がないので f は全射でないし,$2 \neq 3$ であるのに $f(2) = f(3)$ となっているので f は単射でもない.この例から,写像についての全射,単射という 2 つの性質の間には「全射 (単射) でないならば単射 (全射) である」というような関連性はないことがわかる.これは当然のことであるが,ウッカリ思い違いをするので注意しなければいけない.

(2) 写像 $f : \mathbb{N} \longrightarrow$ 偶数全体 $(f(n) := 2n \ (n \in \mathbb{N}))$ は自然数全体の集合からその部分集合である偶数全体の集合への全単射である.

(3) 写像 $f : \mathbb{N} \longrightarrow \mathbb{Z}$ を $f(n) = (-1)^n [n/2] \ (n \in \mathbb{N})$ と定義する.f は自然数全体の集合から整数全体の集合への全単射である[20].

問題 2.27 $X = \{1, 2, 3, 4\}, Y = \{a, b, c\}$ とする.X から Y への全射を 3 つ求めよ.全射は全部で幾つあるか求めよ.X から Y への単射が存在するか否かを考えよ.

問題 2.28 X, Y が有限集合で $m = \sharp(X), n = \sharp(Y)$ とするとき,X から

---

[20] $[x]$ は x を超えない最大の整数を表すガウス記号である.

Y への全射あるいは単射が存在するために m, n がみたすべき条件を求めよ．さらに，それぞれの場合に全射，単射の個数を m, n により表せ．

　写像が全射あるいは単射であるための条件は次のように言い換えておくと使い易い：写像 $f : X \longrightarrow Y$ に対して，
(1) "f が**全射**である" ということは，$f(X) = Y$ がなりたつこと，すなわち f の値域が Y 全体と一致することである．
(2) "f が**単射**である" ということは，

$$\text{任意の } x, x' \in X \text{ に対して } f(x) = f(x') \text{ ならば } x = x'$$

がなりたつことである．

問題 2.29　上の言い換えを確認せよ．

例 2.28　(1) 写像 $f : \mathbb{R} \longrightarrow \mathbb{R}\ (x \longmapsto x^2\ (x \in \mathbb{R}))$ の値域は非負の実数全体だから実数全体 $\mathbb{R}$ とは一致しない．したがって，f は全射でない．$f(-1) = 1 = f(1)$ であるから単射でもない．

(2) 正の実数全体を $\mathbb{R}^+$ で表すことにする．写像 $g : \mathbb{R}^+ \cup \{0\} \longrightarrow \mathbb{R}^+ \cup \{0\}$ $(x \longmapsto x^2\ (x \in \mathbb{R}^+ \cup \{0\}))$ は全単射である．前の例の写像 f と g は対応規則も値域も同じであるが定義域が一致していない．また，f は全射でも単射でもないが g は全単射である．このことからも，このような場合に 2 つの写像が異なると考えるのは理解できるであろう．

問題 2.30　$f : \mathbb{R} \longrightarrow \mathbb{R}\ (x \longmapsto x^3\ (x \in \mathbb{R}))$ は全単射であることを示せ．

問題 2.31　(1) 例 2.27 (3) の写像 $f : \mathbb{N} \longrightarrow \mathbb{Z}\ \left(f(n) = (-1)^n \left[\dfrac{n}{2}\right]\right)$ は全単射であることを示せ．

(2) 写像 $f : \mathbb{N} \times \mathbb{N} \longrightarrow \mathbb{N}$ を $f((m, n)) = \dfrac{(m+n-1)(m+n-2)}{2} + m$ と定義する．f は全単射であることを示せ．

定義 2.29　写像 $f : X \longrightarrow Y$ は**全単射**であるとする．Y の各元 y に対し

て, f が全射であることから $y = f(x)$ となる X の元 x が少なくとも 1 つは存在し, さらに f が単射であることからこのような x は唯一つだけであるということになる. つまり, Y の各元 y に対して $y = f(x)$ となる X の元 x が唯一つ存在する. そこで, y に対してこの x を対応させることにより, Y から X への写像が決まる. この写像を f の**逆写像 (inverse mapping)** といい, $f^{-1}: Y \longrightarrow X$ と表す.

注意 2.5　ここで注意しなければならないことは, **逆写像は全単射に対してだけ定義される写像である**, ということである.

定義より
$$y = f(x) \iff x = f^{-1}(y) \tag{$*$}$$
がなりたつ.

問題 2.32　上の同値 $(*)$ を確認せよ.

例 2.30　(1) $X = \{1, 2, 3, 4\}, Y = \{a, b, c, d\}$ とし, 写像 $f: X \longrightarrow Y$ を
$$1 \longmapsto c = f(1),$$
$$2 \longmapsto d = f(2),$$
$$3 \longmapsto a = f(3),$$
$$4 \longmapsto b = f(4)$$
とする. f は全単射であるから 逆写像 $f^{-1}: Y \longrightarrow X$ が定義され, f^{-1} の対応規則は
$$a \longmapsto 3 = f^{-1}(a),$$
$$b \longmapsto 4 = f^{-1}(b),$$
$$c \longmapsto 1 = f^{-1}(c),$$
$$d \longmapsto 2 = f^{-1}(d)$$

である.

(2) 正の実数全体を $\mathbb{R}^+$ で表すことにしたことを思い出そう. 全単射 $g : \mathbb{R}^+ \longrightarrow \mathbb{R}^+ \ (x \longmapsto x^2 \ (x \in \mathbb{R}^+))$ の逆写像は $g^{-1} : \mathbb{R}^+ \longrightarrow \mathbb{R}^+ \ (x \longmapsto \sqrt{x})$ で与えられる.

(3) 関数 $f(x) = 2^x \ (x \in \mathbb{R})$ により写像 $f : \mathbb{R} \longrightarrow \mathbb{R}^+$ が決まる. この写像は全単射である. 逆写像は $f(x)$ の逆関数 $\log_2 x$ によって与えられる:

$$f^{-1} : \mathbb{R}^+ \longrightarrow \mathbb{R} \quad (x \longmapsto \log_2 x).$$

問題 2.33 $m \times n$ 行列 A により定義される写像 $f_A : \mathbb{R}^m \longrightarrow \mathbb{R}^n \ (f_A(v) := vA)$ が, それぞれ全射, 単射, 全単射となるために行列がみたすべき条件を求めよ. また f_A が全単射であるとき逆写像を求めよ.

問題 2.34 開区間 $(-1, 1)$ から実数全体の集合 $\mathbb{R}$ への写像 $f : (-1, 1) \longrightarrow \mathbb{R} \ (f(x) := x/(1 - |x|))$ は全単射であることを示し, 逆写像 f^{-1} を求めよ.

問題 2.35 a, b, c, d を $a < b, c < d$ をみたす実数とする. このとき, 次の問いに答えよ.

(1) 閉区間 $[a, b]$ から閉区間 $[c, d]$ への全単射および開区間 (a, b) から開区間 (c, d) への全単射を作れ (ヒント : $f(a) = c, f(b) = d$ を満たす 1 次関数 $f(x)$ を考えよ).

(2) 開区間 (a, b) から $\mathbb{R}$ への全単射を作れ.

(3) 閉区間 $[0, 1]$ から開区間 $(0, 1)$ への写像 f を次のように定める:

$$\begin{cases} f(0) = 1/2, \\ f(1/2^n) = 1/2^{n+2} & (n = 0, 1, 2, \cdots), \\ f(x) = x & \text{if } x \neq 0, \ 1/2^n \ (n = 0, 1, 2, ...). \end{cases}$$

このとき, 写像 $f : [0, 1] \longrightarrow (0, 1)$ は全単射であることを示せ.

(4) (3) にならって, 閉区間 $[0, 1]$ から半開区間 $(0, 1]$ への全単射を作れ.

問題 2.36 I, J を空でない任意の区間とする. そのとき I から J への全単射が存在することを示せ.

逆写像および写像の合成についての定義から次のことがわかる.

命題 2.31 写像 $f\colon X \longrightarrow Y$ が全単射ならば次がなりたつ:
(1) $f^{-1} \circ f = 1_X, f \circ f^{-1} = 1_Y$ である.
(2) f の逆写像 $f^{-1}\colon Y \longrightarrow X$ は全単射である.

問題 2.37 命題 2.31 を確認せよ.

問題 2.38 $f\colon X \longrightarrow Y, g\colon Y \longrightarrow Z$ について, 次のことを証明せよ.
(1) $g \circ f$ が単射ならば, f は単射である.
(2) $g \circ f$ が全射ならば, g は全射である.
(3) f も g も単射ならば, $g \circ f$ は単射である.
(4) f も g も全射ならば, $g \circ f$ は全射である.

2.10 像, 逆像

定義 2.32 写像 $f\colon X \longrightarrow Y$ と部分集合 $A \subset X$ に対して, Y の部分集合 $\{f(x) \mid x \in A\}$ を f による A の**像** (image) といい, $f(A)$ と表す. すなわち,
$$f(A) := \{y \in Y \mid y = f(x) \text{ for some } x \in A\},$$
あるいは, もっと単純に
$$f(A) := \{f(x) \mid x \in A\}$$
と略記してもよい.

また, 部分集合 $B \subset Y$ に対して, X の部分集合 $\{x \in X \mid f(x) \in B\}$ を f による B の**逆像** (inverse image) といい, $f^{-1}(B)$ と表す. すなわち,
$$f^{-1}(B) := \{x \in X \mid f(x) \in B\}.$$
B が唯一つの元からなる部分集合 $B = \{y\}$ であるときは, 単に, $f^{-1}(y)$ と表す.

注意 2.6 ここで十分に注意しなければならないことは, 記号 $f^{-1}(B)$ にお

ける f^{-1} は単独で"逆写像"の意味に使っているのではないということである. $f^{-1}(B)$ 一塊 (かたまり) で意味付けられている記号である.

例 2.33 $f: X \longrightarrow Y$ を例 2.27 (p.30) の写像とする. このとき, $A = \{1,2\}$, $A' = \{2,3\}$ とすると $f(A) = \{b,c\}$, $f(A') = \{b\}$ であり, $B = \{a,c\}$, $B' = \{b,c\}$ とすると $f^{-1}(B) = \{1,4\}$, $f^{-1}(B') = \{1,2,3,4\} = X$ である.

問題 2.39 写像 $f: \mathbb{R} \longrightarrow \mathbb{R}$ を $f(x) = x^2 + 2$ とする. 3つの区間 $B_1 = [0,1]$, $B_2 = [-1,3)$, $B_3 = (4,5]$ に対して, それぞれ逆像 $f^{-1}(B_i)$ $(i=1,2,3)$ を求めよ.

問題 2.40 写像 $f: \mathbb{R} - \{1\} \longrightarrow \mathbb{R}$ を $f(x) = x/(x-1)$ とする. このとき, 半開区間 $B = (-1,2]$ の逆像 $f^{-1}(B)$ を求めよ.

定理 2.34 写像 $f: X \longrightarrow Y$ と X の部分集合 A, A_1, A_2, 部分集合族 $\{A_i \mid i \in I\}$ および Y の部分集合 B, B_1, B_2, 部分集合族 $\{B_j \mid j \in J\}$ に対して次がなりたつ.

(1) $A_1 \subset A_2 \Longrightarrow f(A_1) \subset f(A_2)$,

(2) $f(A_1 \cup A_2) = f(A_1) \cup f(A_2)$,

$(2)^*$ $f\left(\bigcup_{i \in I} A_i\right) = \bigcup_{i \in I} f(A_i)$,

(3) $f(A_1 \cap A_2) \subset f(A_1) \cap f(A_2)$,

$(3)^*$ $f\left(\bigcap_{i \in I} A_i\right) \subset \bigcap_{i \in I} f(A_i)$,

(4) $B_1 \subset B_2 \Longrightarrow f^{-1}(B_1) \subset f^{-1}(B_2)$,

(5) $f^{-1}(B_1 \cup B_2) = f^{-1}(B_1) \cup f^{-1}(B_2)$,

$(5)^*$ $f^{-1}\left(\bigcup_{j \in J} B_j\right) = \bigcup_{j \in J} f^{-1}(B_j)$,

(6) $f^{-1}(B_1 \cap B_2) = f^{-1}(B_1) \cap f^{-1}(B_2)$,

$(6)^*$ $f^{-1}\left(\bigcap_{j \in J} B_j\right) = \bigcap_{j \in J} f^{-1}(B_j)$,

(7) $A \subset f^{-1}(f(A))$,

(8) $f(f^{-1}(B)) \subset B$,
(9) $f(A_1) - f(A_2) \subset f(A_1 - A_2)$,
(10) $f^{-1}(B_1) - f^{-1}(B_2) = f^{-1}(B_1 - B_2)$,
(11) $(f^{-1}(B))^c = f^{-1}((B)^c)$.

さらに f が単射ならば (3), (7), (9) で等号がなりたち, 全射ならば (8) で等号がなりたつ.

証明 (1) y が $f(A_1)$ の元ならば $y = f(x)$ となる $x \in A_1$ が存在する[21]. $A_1 \subset A_2$ であるから, $x \in A_2$ である. したがって, $y = f(x) \in f(A_2)$ となる. ゆえに, $f(A_1) \subset f(A_2)$.

(2) $A_1 \subset A_1 \cup A_2$ であるから, (1) により

$$f(A_1) \subset f(A_1 \cup A_2).$$

同様にして, $f(A_2) \subset f(A_1 \cup A_2)$. ゆえに, $f(A_1) \cup f(A_2) \subset f(A_1 \cup A_2)$.

問題 2.41 上の (2) の証明において, 逆の包含関係 $\supset$ を証明せよ.

記号の使い方に慣れてきたら, (2) の証明は次のように書いてもよい:

$$\begin{aligned}
f(A_1 \cup A_2) &= \{f(x) \mid x \in A_1 \cup A_2\} \\
&= \{f(x) \mid x \in A_1 \text{ or } x \in A_2\} \\
&= \{f(x) \mid x \in A_1\} \cup \{f(x) \mid x \in A_2\} \\
&= f(A_1) \cup f(A_2).
\end{aligned}$$

(6) $x \in f^{-1}(B_1 \cap B_2)$ ならば $f(x) \in B_1 \cap B_2$ である. すなわち,

$$f(x) \in B_1 \text{ かつ } f(x) \in B_2.$$

---

[21] このことを講義などでは

$\exists x \in A_1$ s.t. $y = f(x)$. (There exists $x \in A_1$ such that $y = f(x)$.)

と書くことが多い. 慣れてくるとこのタイプの書式のほうが手間が省けて, 意味がすぐわかることが多いので練習するとよい (5.3 節 (p.110) 参照).

よって $x \in f^{-1}(B_1)$ かつ $x \in f^{-1}(B_2)$ である．ゆえに
$$x \in f^{-1}(B_1) \cap f^{-1}(B_2)$$
となる．したがって
$$f^{-1}(B_1 \cap B_2) \subset f^{-1}(B_1) \cap f^{-1}(B_2)$$
がなりたつ．

逆に，$x \in f^{-1}(B_1) \cap f^{-1}(B_2)$ ならば $x \in f^{-1}(B_1)$ かつ $x \in f^{-1}(B_2)$ である．よって
$$f(x) \in B_1 \text{ かつ } f(x) \in B_2$$
がなりたつ．したがって
$$f(x) \in B_1 \cap B_2$$
である．ゆえに
$$x \in f^{-1}(B_1 \cap B_2)$$
となる．したがって
$$f^{-1}(B_1) \cap f^{-1}(B_2) \subset f^{-1}(B_1 \cap B_2)$$
がなりたつ．以上のことから等号がなりたつ．

(6) の証明は次のように書くこともできる[22]．
$$\begin{aligned}
x \in f^{-1}(B_1 \cap B_2) &\iff f(x) \in B_1 \cap B_2 \\
&\iff f(x) \in B_1 \text{ and } f(x) \in B_2 \\
&\iff x \in f^{-1}(B_1) \text{ and } x \in f^{-1}(B_2) \\
&\iff x \in f^{-1}(B_1) \cap f^{-1}(B_2). \blacksquare
\end{aligned}$$

---

[22]このように証明してもよいが，往々にして $\Longrightarrow$ だけしか成立していないのに機械的に $\iff$ とやってしまうことがある．いつでも，式の意味を考える習慣をつけ，十分に気をつけることが肝要である．また，このように流れよく進める場合は少ないと考えたほうがよい．

問題 2.42 定理 2.34 の残りの証明を完成せよ．

問題 2.43 定理 2.34 の (3), (7), (8), (9) において，等号が成立しない例を考えよ．

次の定理は，有限集合に対しては各々の集合の元の個数を考えることにより容易に認められるであろうが，無限集合に対しても明らかであるとはとても言えないのではないだろうか．後に無限集合が含む元の多さや多さの比較について考えるが (6.4 節 (p.136) 参照)，その際に最も基本的となる定理である．ここでは，これまでに学んで来たことを総動員 (?) してこの定理を証明してみよう．3 つの証明を書いておくので，忍耐強く読んでみてほしい．

定理 2.35 (Cantor-Bernstein) 集合 X, Y について，X から Y への単射と Y から X への単射が両方とも存在するならば X と Y の間に全単射が存在する．

証明 —— (1)
$$f : X \longrightarrow Y, \quad g : Y \longrightarrow X$$
をともに単射とする．X の部分集合族 $\{Z_n\}_{n=0,1,2,\ldots}$ を次のように定義する：
$$Z_0 := X - g(Y),$$
任意の自然数 $n \in \mathbb{N}$ に対して
$$Z_n := (g \circ f)(Z_{n-1})$$
とし，
$$Z := \bigcup_{n=0}^{\infty} Z_n$$
とする．すると，定理 2.34 (2)* により
$$Z = \bigcup_{n=0}^{\infty} Z_n$$
$$= \bigcup_{n=1}^{\infty} (g \circ f)^n(Z_0) \cup Z_0$$

$$= (g \circ f)\Big(\bigcup_{n=1}^{\infty}(g \circ f)^n(Z_0) \cup Z_0\Big) \cup Z_0$$

$$= (g \circ f)(Z) \cup Z_0$$

$$= g(f(Z)) \cup (g(Y))^c$$

であるから

$$X - Z = g(Y - f(Z)) \qquad (*)$$

となる. したがって,

$$\tilde{f} : Z \longrightarrow f(Z) \quad \text{を} \quad \tilde{f}(x) := f(x) \ (x \in Z)$$

と定義し,

$$\tilde{g} : Y - f(Z) \longrightarrow X - Z \quad \text{を} \quad \tilde{g}(y) := g(y) \ (y \in Y - f(Z))$$

と定義すると, $\tilde{f}$ と $\tilde{g}$ はともに全単射である.

$$X = Z \cup (X - Z) \quad \text{(disjoint)},$$
$$Y = f(Z) \cup (Y - f(Z)) \quad \text{(disjoint)}$$

であるから, $h : X \longrightarrow Y$ を

$$h(x) := \begin{cases} \tilde{f}(x) & \text{if } x \in Z, \\ \tilde{g}^{-1}(x) & \text{if } x \in X - Z \end{cases}$$

と定義すれば, h は X から Y への全単射となる. ■

証明 — (2)

$$f : X \longrightarrow Y, \quad g : Y \longrightarrow X$$

をともに単射とする.

$$Y_1 := f(X), \quad X_1 := g(Y), \quad X_2 := g(f(X)) = g(Y_1)$$

とおく．$X_2 \subset X_1$ である．合成写像 $h := g \circ f$ によって定義される X から X_2 への写像と g によって定義される Y から X_1 への写像をそれぞれ同じ記号で表すことにすると，2 つの写像

$$h : X \longrightarrow X_2, \quad g : Y \longrightarrow X_1$$

はともに全単射である．したがって，X_1 から X_2 への全単射が存在することを示せばよい．

X の部分集合 A に対して

$$A^* := h(A) \cup (X_1 - X_2)$$

と定義し，$A^* \subset A$ をみたすとき A は正規であるということにする．たとえば，X 自身は正規である．このとき，次がなりたつ：

(1) A が正規ならば A^* は正規である．また，この逆もなりたつ．
(2) $\{A_i \,|\, i \in I\}$ が正規部分集合の族ならば，$\underset{i \in I}{\cap} A_i$ も正規である．

N をすべての正規部分集合の共通部分とする．(2) より N も正規部分集合で，$N^* \subset N$ となる．また，(1) より N^* も正規集合なので，N の定め方から $N \subset N^*$ である．したがって，

$$\begin{aligned} N &= N^* \\ &= h(N) \cup (X_1 - X_2) \end{aligned}$$

となる．すると

$$\begin{aligned} X_1 &= X_2 \cup (X_1 - X_2) \\ &= ((X_2 - h(N)) \cup h(N)) \cup (X_1 - X_2) \\ &= (X_2 - h(N)) \cup (h(N) \cup (X_1 - X_2)) \\ &= (X_2 - h(N)) \cup N \quad \text{(disjoint union)} \end{aligned}$$

と表せる．$X_2 = (X_2 - h(N)) \cup h(N)$ であるから，$\tilde{h} : X_1 \longrightarrow X_2$ を

$$\tilde{h}(x) := \begin{cases} x & \text{if } x \in X_2 - h(N), \\ h(x) & \text{if } x \in N \end{cases}$$

と定義すれば, $\tilde{h}$ は X_1 から X_2 への全単射となる. ∎

証明 ― (3)(略証) $f: X \longrightarrow Y, g: Y \longrightarrow X$ をともに単射とする. $x \in X$ に対して $x = g(y)$ となる $y \in Y$ が存在するとき y を x の先代と呼ぶことにする. $y \in Y$ に対しても同様に, $y = f(x)$ となる $x \in X$ が存在するとき x を y の先代と呼ぶことにする. X, Y の元は先代を持つか否かのいずれかである. 限りなく (何代でも) むかしの先代を遡れる元 (神の子孫?) 全体を X_∞, 先代を奇数回たどると先代を持たない元に行き着く (もうそれ以上は先代を持たない) 元全体を X_{odd}, 先代をまったく持たないかまたは先代を偶数回たどると先代を持たない元に行き着く元全体を X_{even} と表すことにする. Y に対しても同様に定義する. すると,

$$X = X_\infty \cup X_{\text{odd}} \cup X_{\text{even}},$$
$$Y = Y_\infty \cup Y_{\text{odd}} \cup Y_{\text{even}}$$

と互いに共通部分のない和集合 (disjoint union) として表される. このことから, f, g をもちいて X から Y への全単射が定義できる. ∎

問題 2.44 (1) 証明 (1) の中に出てきた $(*)$ を証明せよ.
(2) 証明 (2) の中に出てきた, 正規部分集合の性質 (1), (2) を証明せよ.
(3) 証明 (3) を完成せよ.

定理 2.36 自然数全体の集合 $\mathbb{N}$ から有理数全体の集合 $\mathbb{Q}$ への全単射が存在する.

証明 ヒント: 問題 2.31 と定理 2.35 を使って全単射の存在を示してもよいし, 工夫をして実際に全単射を定義してもよい. ∎

問題 2.45 上の定理の証明を完成せよ.

定義 2.37 自然数全体の集合との間に全単射が存在する集合を**可算集合** (countable set),あるいは可算無限集合という.

定理 2.38 すべての無限集合は可算な部分集合を含む.

証明 X を無限集合とする.X から任意に元を 1 つ選んで x_1 とする.次に $X - \{x_1\}$ から元を 1 つ選んで x_2 とする.さらに,$X - \{x_1, x_2\}$ から元を 1 つ選んで x_3 とする.X は無限集合であるから,$x_n \in X - \{x_1, x_2, x_3, \cdots, x_{n-1}\}$ と続けることができる.こうして X の可算部分集合 $\{x_1, x_2, x_3, \cdots, x_n, \cdots\}$ がみつかる[23]. ∎

例 2.39 自然数全体 $\mathbb{N}$,整数全体 $\mathbb{Z}$,有理数全体 $\mathbb{Q}$ およびこれらの集合に含まれている無限部分集合はすべて可算集合である.

問題 2.46 上の例を証明せよ.

このように可算集合を定義し,いくつかの例を見てみると,それでは「可算集合でない無限集合は本当に存在するのだろうか?」という疑問が生じる.少なくとも「実数全体の集合は可算集合か?」という具体的な問題には答えたい.とくにこの種の問題は,答えを見る前に時間をかけてあれこれと思いを巡らし自分で考えてみることが大切である.そこでこの話題は「付録」の中で続けることにする.

▶▶ **お話 (p.20 の続き)** 写像の概念を用いて選出公理を使い易い形に書き換えてみる.$F := \{X_i \mid i \in I\}$ を空集合でない互いに素な集合 X_i 達の集合族とし,$X := \bigcup_{i \in I} X_i$ とする.AC–(1) がなりたつと仮定して,X の部分集合 S が $\sharp(S \cap X_i) = 1$ $(\forall i \in I)$ をみたしているとする.このとき,F の各元 X_i に $S \cap X_i$ の唯一つの元を対応させることにより F から X への写像 $f_S : F \longrightarrow X$ がえられる.f_S は

$$f_S(X_i) \in X_i \quad (\forall i \in I) \tag{$*$}$$

---

[23] この証明を注意深く調べてみると,選出公理が使われていることがわかる.

をみたしている．逆に $(*)$ をみたす写像 $f : F \longrightarrow X$ が存在するならば，$S_f := \{f(X_i) \,|\, i \in I\}$ と定義すれば S_f は AC–(1) の結論をみたす X の部分集合である．したがって AC–(1) は次の主張と同値であることがわかる：

$$^{\exists}f : F \longrightarrow X \text{ s.t. } f(X_i) \in X_i \, (^{\forall}i \in I). \qquad (\text{AC–}(2)')$$

さらに AC–(2)′ を仮定すると，AC–(2)′ から集合族が「互いに素である」という条件を除いた次の主張 AC–(2) が証明できる．

任意の集合族 $F = \{X_i \,|\, i \in I\}$ に対して，

$$X_i \neq \varnothing \, (^{\forall}i \in I) \text{ ならば } ^{\exists}f : F \longrightarrow X \text{ s.t. } f(X_i) \in X_i \, (^{\forall}i \in I).$$
$$(\text{AC–}(2))$$

実際，今度は $F = \{X_i \,|\, i \in I\}$ を必ずしも互いに素であるとは限らない集合族としよう．このとき，直積集合 $X_i \times \{i\} := \{(z, i) \,|\, z \in X_i\}$ の族

$$F' := \{X_i \times \{i\} \,|\, i \in I\}$$

は互いに素な集合族である．ここで，$X := \bigcup_{i \in I} X_i$, $X' := \bigcup_{i \in I} (X_i \times \{i\})$ とおく．集合族 F' に対して AC–(2)′ を適用すると，$(*)$ をみたす写像 $f' : F' \longrightarrow X'$ がえられる．

そこで，写像 $h : X' \longrightarrow X$ を

$x' \in X'$ に対して，$x' = (z, i)$ $(z \in X_i, i \in I)$ ならば $h(x') := z$

と定義する．すると，写像

$$g : F \longrightarrow F' \quad (X_i \longmapsto X_i \times \{i\})$$

との合成写像

$$h \circ f' \circ g : F \longrightarrow X$$

は $(*)$ をみたす写像である．AC–(2) を仮定すれば AC–(2)′ がなりたつのは明らかだから，これらは互いに同値ということになる．

さて，空でない集合 Z の冪集合 2^Z から空集合を除いた集合全体の族に AC–(2) を適用すると，$(*)$ をみたす $2^Z - \{\varnothing\}$ から Z への写像が存在することになる．逆に，集合族 $F = \{X_i \mid i \in I\}$ に対して F 自身は集合 $X := \bigcup_{i \in I} X_i$ の冪集合 2^X の部分集合であるから，$(*)$ をみたす $2^X - \{\varnothing\}$ から X への写像が存在すれば，この写像を F に制限することにより AC–(2) をみたす写像がえられる．したがって，AC–(2) は次の主張と同値であることがわかる：

任意の空でない集合 X に対して，

$$\exists f : 2^X - \{\varnothing\} \longrightarrow X \text{ s.t. } f(A) \in A \; (^\forall A \in 2^X - \{\varnothing\}). \tag{AC}$$

結局，選出公理は上の形に表現できることがわかった．実際，この形で述べられることが多いし，このように表現しておくと使い易いのである．このとき $f(A)$ は各部分集合 A から元を 1 つ選び出したことになるので，f を冪集合 2^X (あるいは X) の**選出写像**または**選択関数**という．(お話終)

ここまでの話の内容がどのようなことなのかを簡単な例で確認してみよう．

例 2.40 $I = \{1, 2, 3\}$，$X_1 = \{a, b, c\}$，$X_2 = \{a, \{b, c\}\}$，$X_3 = \{b, c, d\}$ とする．この集合族 $F := \{X_1, X_2, X_3\}$ は，$X_1 \cap X_2 = \{a\} \neq \varnothing$ であるから互いに素ではない．F に対して

$$X_1' := X_1 \times \{1\} = \{(a, 1), (b, 1), (c, 1)\},$$
$$X_2' := X_2 \times \{2\} = \{(a, 2), (\{b, c\}, 2)\},$$
$$X_3' := X_3 \times \{3\} = \{(b, 3), (c, 3), (d, 3)\}$$

とおくと，$F' = \{X_1', X_2', X_3'\}$ は互いに素な集合族になる．このとき，

$$X := X_1 \cup X_2 \cup X_3 = \{a, b, c, d, \{b, c\}\},$$
$$X' := X_1' \cup X_2' \cup X_3'$$
$$= \{(a, 1), (b, 1), (c, 1), (a, 2), (\{b, c\}, 2), (b, 3), (c, 3), (d, 3)\}$$

であり，写像 $h : X' \longrightarrow X$ は

$$h((a,1)) = h((a,2)) = a,$$
$$h((b,1)) = h((b,3)) = b,$$
$$h((c,1)) = h((c,3)) = c,$$
$$h((d,3)) = d,$$
$$h((\{b,c\},2)) = \{b,c\}$$

である．そして，たとえば写像 $f' : F' \longrightarrow X'$ を

$$f'(X'_1) := (b,1), \quad f'(X'_2) := (\{b,c\},2), \quad f'(X'_3) := (b,3)$$

と定義する．すると合成写像 $f = h \circ f' \circ g : F \longrightarrow X$ は

$$f(X_1) = b, \quad f(X_2) = \{b,c\}, \quad f(X_3) = b$$

となっていて条件 $(*)$ をみたす．f' としては他にも定め方があるだろう．いろいろと例を作って考えてみるとよい．

　ここで，写像の概念によって直積集合を見てみよう．集合 X_1, X_2 の直積集合 $X_1 \times X_2$ の元 (x_1, x_2) $(x_1 \in X_1, x_2 \in X_2)$ を与えると，集合 $\{1,2\}$ から和集合 $X_1 \cup X_2$ への写像

$$g : \{1,2\} \longrightarrow X_1 \cup X_2,$$
$$g(1) := x_1 \in X_1, \quad g(2) := x_2 \in X_2$$

が定まる．逆に，集合 $\{1,2\}$ から和集合 $X_1 \cup X_2$ への写像 $f : \{1,2\} \longrightarrow X_1 \cup X_2$ で

$$f(1) \in X_1, \quad f(2) \in X_2$$

をみたすものに対しては直積集合の元

$$(f(1), f(2)) \in X_1 \times X_2$$

が定まる．このような見方をしてみることにより，X_1 と X_2 の直積集合を，集合

$$\{f \mid f : \{1,2\} \longrightarrow X_1 \cup X_2 \text{ s.t. } f(1) \in X_1, f(2) \in X_2\}$$

と定義することもできることがわかる．このような定義の仕方に対しては，単純なものをかえって複雑にしているという印象をもつかもしれない．しかし，こうしておくと直積集合の定義が任意の集合族へと自然に一般化できる．

定義 2.41 $\{X_i\,|\,i\in I\}$ を集合族とする．集合 I から集合 $\bigcup_{i\in I} X_i$ への写像で，任意の $i\in I$ に対して $f(i)\in X_i$ をみたすもの全体を集合族 $\{X_i\,|\,i\in I\}$ の**直積集合**といい，$\prod_{i\in I} X_i$ と表す：

$$\prod_{i\in I} X_i := \left\{ f \,\middle|\, f: I \longrightarrow \bigcup_{i\in I} X_i \text{ s.t. } f(i)\in X_i\ (^\forall i\in I) \right\}.$$

このように定義すると選出公理が次の主張と同値[24]であることがわかる：

集合族 $\{X_i\,|\,i\in I\}$ に対して，$X_i \neq \varnothing\ (^\forall i\in I)$ ならば $\prod_{i\in I} X_i \neq \varnothing$．

選出公理にまつわる話はさらに「付録」の中で続けることにする．

第 2 章への付録：上極限集合と下極限集合

無限個の集合列 $A_1,\cdots,A_n,\cdots$ に対して**上極限集合**，**下極限集合**が

$$\limsup_{n\to\infty} A_n = \bigcap_{n=1}^{\infty} \bigcup_{k=n}^{\infty} A_k,$$

$$\liminf_{n\to\infty} A_n = \bigcup_{n=1}^{\infty} \bigcap_{k=n}^{\infty} A_k$$

で定義される．これらの概念は確率論において重要な役割を果たす．

そこで，これらの概念をコインを無限回投げるという試行によって説明してみよう．コインを無限回投げるという試行を考え，表が出るということを 1 で表し，裏が出るということを 0 で表す．そして，この試行の結果を 0 と 1 からなる数列で表す．たとえば

$$\omega = (1,1,0,1,0,0,1,0,\cdots)$$

---

[24] 論理的に同じこと．すなわち，互いに一方を仮定すれば推論によって他方が結論できることを "同値である" という．

という試行結果は 1 回目, 2 回目に表が出て, 3 回目に裏が出て, 4 回目に表, 5 回目に裏, ⋯ という結果を表している. ここで, コインを無限回投げるという試行結果を ω という文字で表した.

試行結果を一般的に

$$\omega = (\omega_1, \omega_2, \cdots, \omega_n, \cdots)$$

で表す. ここで, ω_n は n 回目の結果を表しており, $\omega_n = 1$ は n 回目に表が出ることを, また, $\omega_n = 0$ は n 回目に裏が出ることを意味している.

このような試行結果の全体からなる集合を Ω で表すと, Ω は 0 と 1 とからなる無限数列の全体と言ってもよい.

Ω の部分集合として

$$A_n = \{\omega = (\omega_1, \omega_2, \cdots) : \omega_n = 1\}$$

とおくと, A_n は n 回目に表が出る試行結果の全体, すなわち n 回目に表が出る事象全体を表している.

Ω の中での A_n の補集合 A_n^c について

$$A_n^c = \{\omega = (\omega_1, \cdots, \omega_n, \cdots) \in \Omega : \omega_n = 0\}$$

は n 回目に裏が出る事象に対応している.

$A_1 \cap A_2 \cap A_3$ は 1, 2, 3 回目において表が出る事象を表しており, $A_1 \cap A_2^c \cap A_3$ は 1 回目表, 2 回目裏, 3 回目表が出る事象を表している.

問題 2.47 次の集合で与えられる事象はどのような事象であるかを述べよ.

(1) $A_1 \cup A_2 \cup \cdots \cup A_n$,
(2) $A_1 \cap A_2 \cap \cdots \cap A_n$,
(3) $A_1^c \cap A_2^c \cap \cdots \cap A_n^c$,
(4) $A_1^c \cup A_2^c \cup \cdots \cup A_n^c$.

これから, コインを無限回投げるという試行において上極限集合, 下極限集合がどのような事象を表すのかを考えてみよう.

まず
$$\bigcup_{n=1}^{\infty} A_n$$
はどのような事象を表すのであろうか？

この集合から任意の要素 ω をとると, 和集合の定義より, ある m が存在して $\omega \in A_m$ ということがわかる. $\omega \in A_m$ は m 回目に表が出ることを意味している. この m は ω によって異なってくるが, $\bigcup_{n=1}^{\infty} A_n$ に属している試行では必ずどこかで表が出ることがわかる.

したがって, **集合 $\bigcup_{n=1}^{\infty} A_n$ は少なくとも 1 回表が出る事象全体を表している**と言える.

それでは次に上極限集合
$$\limsup_{n \to \infty} A_n = \bigcap_{n=1}^{\infty} \bigcup_{k=n}^{\infty} A_k$$
から任意の要素 ω を取りだしたとする. 共通部分の定義より
$$\omega \in \bigcup_{k=n}^{\infty} A_k \quad \text{for all } n \geq 1 \tag{2.1}$$
が言える.

(2.1) において $n=1$ として, 和集合の定義を用いるとある $k_1 > 1$ という整数が存在して
$$\omega \in A_{k_1}$$
が言える. これは k_1 回目に表が出ることを表している.

次に $n = k_1 + 1$ として (2.1) を用いると, ある $k_2 > k_1$ をみたす整数 k_2 が存在して
$$\omega \in A_{k_2}$$
が言える. これは k_2 回目に表が出ることを表している.

この操作を繰り返していくと $k_1 < k_2 < k_3 < \cdots < k_n < k_{n+1} < \cdots$ という数列 $\{k_n\}_{n=1}^{\infty}$ が存在して, k_1 回目, k_2 回目, $\cdots$ において表が出る事がわかる. このことは, ω の下では表が無限回出ることを意味している.

したがって，**上極限集合は表が無限回出る事象全体を表している**事がわかった．次に，下極限集合が表す事象について考えてみよう．そこで，下極限集合

$$\liminf_{n\to\infty} A_n = \bigcup_{n=1}^{\infty} \bigcap_{k=n}^{\infty} A_k$$

から任意の要素 ω を取ると，和集合の定義より，ある m が存在して

$$\omega \in \bigcap_{k=m}^{\infty} A_k$$

となる．さらに，共通部分の定義より

$$\omega \in A_k \quad \text{for all} \quad k \geq m$$

が言える．これは m 回目以降ずっと表が出続けるということを示している．ω に応じて m は異なるが，裏が出るのは $m-1$ 回目までで，m 回目以降は裏が出ずに表が出続けるのである．したがって，**下極限集合は裏が有限回しか出ない事象全体を表している．**

問題 2.48 次の 2 つの関係式を証明せよ．

$$\left(\limsup_{n\to\infty} A_n\right)^c = \liminf_{n\to\infty} A_n^c,$$

$$\left(\liminf_{n\to\infty} A_n\right)^c = \limsup_{n\to\infty} A_n^c.$$

第 3 章

実数とその連続性

　この章の内容を厳密に理解するには時間がかかるものと思われる．そもそも，なぜこのような面倒臭い議論が必要かさえ理解できないかもしれない．数直線という便利な道具があまりにも自然であるため，それをわかっているものとして受け入れてしまいがちである．それでたいていの場合には困ることはないのだが，厳密な議論が必要なときには役に立たなくなることがある．ごく単純な例でも

$$1 + \frac{1}{2} + \frac{1}{3} + \cdots + \frac{1}{n} + \cdots$$

は発散するが

$$1 - \frac{1}{2} + \frac{1}{3} - \cdots + \frac{(-1)^{n-1}}{n} + \cdots$$

は $\log 2$ に収束するとか，

$$\lim_{m,n \to \infty} \frac{m}{m+n}$$

は m と n のとり方によって極限が変わってしまうというようなことは，厳密な議論なしには見えてこない．計算方法などの議論を一通りマスターした上でこの節に戻ると，また数学が新たにみえてくるのではないだろうか．

　数には自然に順序が入っている．いまさら述べる必要もないと思うが，$1 < 2 < 3 < \cdots$ などである．この大小の順序にしたがい数を並べることで実数全体 $\mathbb{R}$ は数直線に表現できる．このことはあまりに自然なので，無意識に実数の連続性を受け入れることになるが，算数の世界を飛び出して，自然現象にまでも目を向けた数学を構築していこうとすれば，さまざまな抽象化が必要である．そのためにも，"実数"という足元を確認しておかなければならない．

例 3.1　単位区間 $[0,1]$ 内の有理数は，大きさの順に並べることはできないが，次の順序に並べることができる．

$$0, 1, \frac{1}{2}, \frac{1}{3}, \frac{2}{3}, \frac{1}{4}, \frac{3}{4}, \frac{1}{5}, \frac{2}{5}, \frac{3}{5}, \frac{4}{5}, \frac{1}{6}, \frac{5}{6}, \cdots.$$

これは，数については大きさの順序関係だけが重要なのではないということを示した例である．有理数とは，2 つの整数の比 p/q (p, q ($q \neq 0$) は整数) として表せるものであるから，上の分数列は，真分数を分母の大きさの順に，また同じ分母をもつものは分子の大きさの順に並べたのである．言い換えると，$1/2$ 以後に現れる分数は自然数の組 (p, q) ($p < q$) を辞書式順序 (例 6.13 (7) (p.130)) に並べてから，分数の形に直したものということもできる．こうして，単位区間内の有理数全体は可算個であることが示せた．もちろん，区間 $[n, n+1)$ に含まれる有理数全体も同じ理由で並べることができる．そこで，正の有理数全体を並べるには，たとえば，$[0,1)$ の 1 番目，$[0,1)$ の 2 番目，$[1,2)$ の 1 番目，また $[0,1)$ に戻って，$[0,1)$ の 3 番目，$[1,2)$ の 2 番目，$[2,3)$ の 1 番目というように，繰り返していけばよい．有理数全体だともう一工夫すればよいわけである．

問題 3.1　上の例のように並べることによって，単位区間内のすべての有理数が現れることを示せ．さらに，すべての有理数全体もこのように並べることができるかどうか考えよ．

定義 3.2　実数全体 $\mathbb{R}$ を次の条件をみたす空でない 2 つの部分集合 A, B の互いに素な和集合に分ける．

(D-1) $A \cup B = \mathbb{R}$,

(D-2) $A \cap B = \varnothing$,

(D-3) 任意の $x \in A$ と任意の $y \in B$ について，$x < y$ がつねになりたつ．

このとき，組 (A, B) を $\mathbb{R}$ の **Dedekind** (デデキント) の切断と呼ぶ[1]．

---

[1] 一般に，全順序集合 $(X, \preceq)$ (定義 6.12 (p.129)) に対して，X の空でない 2 つの部分集合 A, B が次の 3 条件をみたすとき，組 (A, B) を X の Dedekind の切断と呼ぶ:

(D-1) $A \cup B = X$,

例 3.3 実数 a に対して $A := \{x \in \mathbb{R} \mid x \leq a\}$, $B := \{x \in \mathbb{R} \mid a < x\}$ と定義すると, (A, B) は $\mathbb{R}$ の切断である. もちろん, $A := \{x \in \mathbb{R} \mid x < a\}$, $B := \{x \in \mathbb{R} \mid a \leq x\}$ としてもよい. すなわち, 1 つの実数は $\mathbb{R}$ の切断を定める.

さて, 切断に対してこの切れ目を問題にしよう. 実数の連続性とは次の 2 つの場合のうちどちらか 1 つだけが必ずなりたつことである, と言い表せる.

(1) A に最大の元 a があって, B に最小の元がない.

(2) A には最大の元がなくて, B に最小の元 b が存在する.

実際, A に最大の元 a が存在し, B にも最小の元 b が存在するとしよう. $a \leq b$ である. ここで, $a < b$ ならば, $c = (a+b)/2$ とおくと, $a < c < b$ であるから $c \notin A$ かつ $c \notin B$ となり (D-1) ($A \cup B = \mathbb{R}$) に矛盾する. したがって $a = b$ でなくてはならない. すると $A \cap B = \{a\} = \{b\} \neq \varnothing$ となるので, 今度は (D-2) ($A \cap B = \varnothing$) に矛盾する. それでは A に最大の元がなく, B に最小の元がないとしよう. このときは A と B の切れ目の間に"穴があいて"隙間ができてしまう感じにならないだろうか. これは実数の連続性, あるいは数直線の"つながっている"という感じとどうもシックリこない. ここのところの議論はもっと数学的に, あるいはもっと論理的に説明しようとしてもなかなか成功しない. "連続性"とはいったいどういうことなのか, と一生懸命に突き詰めて考えてもこれより先には進めない. しかし, 確かにその様だと考えられる. それで, このことは証明なしで認めようという意味で,「連続の公理」としている.

さて, この切れ目の元を A または B だけの言葉で表現できないだろうか. 上の (1) の場合には, a は $a = \max A$ と表し A の**最大元**という. 同様に (2) の場合には b は $b = \min B$ と表し, B の**最小元**という. では, (1) の場合に a を B の言葉で表現してみよう. まず, a は B のどの元よりも小さい. これだけでは, A のすべての元がこの条件をみたすので a を特定できない. a が A の最大の元であることは, $\mathbb{R}$ の連続性を用いると, a のどんな近くにも B の元があることで特徴付けられる. こうして, 2 つの条件が必要になることがわかる. a の特徴付けをきちんと述べてみると次のようになる:

(D-2) $A \cap B = \varnothing$,

(D-3) 任意の $a \in A$ と任意の $b \in B$ について, $a \prec b$ がつねになりたつ.

(1) すべての $y \in B$ について, $a \leq y$,

(2) どんな正の数 ε についても, $a \leq y < a+\varepsilon$ をみたす $y \in B$ が存在する.

このような a を B の**下限**とよび, $\inf B$ と表す.

問題 3.2 上と同様にして, b を A の言葉で表せ. これを A の**上限**とよび, $b = \sup A$ で表す.

上限, 下限の概念をもちいると, 実数あるいは数直線の "連続性" は次のように表現できる.

▶▶ **実数の連続性** (A, B) を $\mathbb{R}$ の Dedekind の切断とする. このとき, 次がなりたつ.

(1) $\sup A$ と $\inf B$ はともに存在して, $\sup A = \inf B$.

(2) $\max A$ と $\min B$ のどちらか一方だけが必ず存在する.

これを**実数の連続性の公理**あるいは **Dedekind の公理**と呼ぶ. すなわち, Dedekind の切断は $\sup A = \inf B$ という 1 つの実数を定める, ということで実数の連続性を表現しているのである.

一般に, $\mathbb{R}$ の部分集合 S の**上限**と**下限**は次のように定義され, それぞれ $\sup S$, $\inf S$ と表す.

定義 3.4 a が S の**上限**であるとは

(1) 任意の $x \in S$ に対して $x \leq a$ がなりたつ,

(2) 任意の正の数 ε に対して, $a - \varepsilon < x \leq a$ をみたす $x \in S$ が存在する.

同様に b が S の**下限**であるとは

(1) 任意の $x \in S$ に対して $b \leq x$ がなりたつ,

(2) 任意の正の数 ε に対して, $b \leq x < b + \varepsilon$ をみたす $x \in S$ が存在する.

命題 3.5 $\mathbb{R}$ の部分集合 S に対して, 実数 $\alpha \in \mathbb{R}$ が S の上限である必要十分条件は次の (i), (ii) がなりたつことである:

(i) 任意の $x \in S$ に対して $x \leq \alpha$,

(ii) 任意の $x \in S$ に対して $x \leq y$ ならば $\alpha \leq y$.

すなわち, S の上限とは S の上界[2]の最小値 (最小上界) のことである.

上の条件で不等号の向きを逆にすれば下限の特徴付けが得られる.

証明 α が (i), (ii) を満たすとする. (ii) より $\alpha \leq \sup S$. ここで, もし $\alpha \neq \sup S$ ならば $\alpha < \sup S - \varepsilon$ を満たす正の数 $\varepsilon > 0$ が存在する. すると, 上限の定義より $\sup S - \varepsilon < x$ を満たす $x \in S$ が存在するので, この $x \in S$ について $\alpha < x$ となり (i) に反する. ゆえに $\alpha = \sup S$. ∎

問題 3.3 $\sup S$ が命題 3.5 の条件 (i), (ii) を満たすことを証明せよ.

問題 3.4 次の集合の上限と下限を求めよ.
(1) $\{1, 1/2, 1/3, \cdots, 1/n, \cdots\} = \{1/n \mid n \in \mathbb{N}\}$,
(2) $\{\sqrt[n]{2} \mid n = 1, 2, 3, \cdots\}$,
(3) $\{n^{1/n} \mid n = 1, 2, 3, \cdots\}$,
(4) $\left\{ \sum_{k=1}^{n} \dfrac{(-1)^k}{k^2} \;\middle|\; n = 1, 2, 3, \cdots \right\}$.

命題 3.6 $\mathbb{R}$ の部分集合 S, T に対して,
$$-S := \{-x \mid x \in S\},$$
$$S + T := \{x + y \mid x \in S, y \in T\},$$
$$ST := \{xy \mid x \in S, y \in T\}$$
と定義する. このとき, $S, -S, T, -T$ それぞれの上限, 下限が存在するならば次の等号がなりたつ:
(1) $\inf(-S) = -\sup S$,
(2) $\sup(-S) = -\inf S$,
(3) $\sup(S + T) = \sup S + \sup T$, $\inf(S + T) = \inf S + \inf T$.
 さらに, S, T が正の実数からなる部分集合ならば次の等号がなりたつ.
(4) $\sup(ST) = (\sup S)(\sup T)$, $\inf(ST) = (\inf S)(\inf T)$,

---

[2]定義 6.17 (p.131) 参照.

(5) $\sup S \neq 0$, $\inf S \neq 0$ ならば $\sup(S^{-1}) = 1/\inf S$, $\inf(S^{-1}) = 1/\sup S$. ただし, $S^{-1} := \{x^{-1} \,|\, x \in S\}$ とする.

証明 (1) を示してみよう. 定義より,

$$\text{任意の } x \in S \text{ について } x \leq \sup S, \tag{i}$$

$$\text{任意の} -x \in -S \text{ について } \inf(-S) \leq -x \tag{ii}$$

がなりたつ. (i) より, 任意の $x \in S$ に対して $-\sup S \leq -x$. すなわち, 任意の $-x \in -S$ に対して $-\sup S \leq -x$ であるから, $-\sup S \leq \inf(-S)$ がなりたつ. また同様に, (ii) より, 任意の $-x \in -S$ に対して $x \leq -\inf(-S)$. ゆえに $\sup S \leq -\inf(-S)$, すなわち $\inf(-S) \leq -\sup S$ がなりたつ. したがって, $\inf(-S) = -\sup S$ となる. ∎

問題 3.5 上の命題の (2), (3), (4), (5) を証明せよ.

例 3.7 $S = [1, 3) = \{x \in \mathbb{R} \,|\, 1 \leq x < 3\}$ とする. このとき, $-S = (-3, -1]$ で, $\sup S = 3$, $\inf S = 1$, $\sup(-S) = -1$, $\inf(-S) = -3$. したがって, $\inf(-S) = -3 = -\sup S$, $\sup(-S) = -1 = -\inf S$.

定義 3.8 (1) 実数全体 $\mathbb{R}$ の部分集合 S が**上に有界**であるとはある実数 M が存在して, 任意の $x \in S$ について $x \leq M$ がなりたつことである (5.4 節 (p.112)).

(2) S が**下に有界**であるとはある実数 M が存在して, 任意の $x \in S$ について $x \geq M$ がなりたつことである.

(3) S が**有界**であるとは, S が上に有界かつ下に有界であることである.

例 3.9 (1) $S = \{x \in \mathbb{R} \,|\, -1 < x\}$ は下に有界であるが, 上には有界でない. 実際, $M = -1$ とすれば, 任意の $x \in S$ に対して $M < x$ がなりたつから下に有界である. ここでもちろん, M のとり方としては -1 より小さい実数ならば何でもよい. 一方, どんなに大きな実数 $M \,(> 0)$ をとってもそれよりも大きな実数 $M + 1$ が S の中にあるので, S は上に有界でない.

(2) $S = \{x \in \mathbb{R} \,|\, 0 \leq x < 100\}$ は有界である.

有界性は直観的に容易に理解できるであろう．

問題 3.6 次のことを証明せよ．
(1) S が上 (下) に有界である $\iff$ $-S$ が下 (上) に有界である，
(2) S が有界である必要十分条件はある $M > 0$ が存在して，任意の $x \in S$ について $|x| \leq M$ がなりたつことである．

Dedekind の公理から次の定理が証明される[3]．

定理 3.10 $\mathbb{R}$ の任意の有界部分集合 S に対して $\sup S$ および $\inf S$ が存在する．

証明 S が上に有界なときに上限の存在を示そう．
$$B := \{y \in \mathbb{R} \mid y > x \text{ for all } x \in S\}$$
とおく．M を S の上界とすると，$M < z$ をみたす実数 z をとれば $z \in B$ であるから $B \neq \emptyset$ がわかる．また $S \cap B = \emptyset$ である．実際，$S \cap B$ の中に実数 z があるならば，B の定義より，すべての $x \in S$ について $z > x$ がなりたつ．すると $z \in S$ であるから，x として z を選ぶと，$z > z$ となり矛盾である．これで，$S \cap B = \emptyset$ が示せた．したがって，$A = B^c$ とおけば，$S \subset A$ であり，また，B の定義より
$$A = \{y \in \mathbb{R} \mid y \leq x \text{ for some } x \in S\} \qquad (*)$$
である．また明らかに，$A \cup B = \mathbb{R}$, $A \cap B = \emptyset$ である．さらに，任意の $a \in A$ と任意の $b \in B$ に対して，$a < b$ がなりたつ．実際，$a \in A$ だから $(*)$ より，ある $x \in S$ に対して $a \leq x$ となる．すると B の定義より，$x < b$ であるから，$a < b$ となる．以上のことから (A, B) が Dedekind の切断になることがわかった．したがって，Dedekind の公理より $\sup A$ が存在する．$\alpha := \sup A$ とおく．α が S の上限であることを示そう．定義より，すべての $a \in A$ について $a \leq \alpha$ であり，$S \subset A$ であるから，任意の $x \in S$ について $x \leq \alpha$ をみたす．また，

---

[3] 実は，Dedekind の公理と次の定理は同値である．

α は A の上限であるから，任意の正の数 ε に対して $\alpha - \varepsilon < a \leq \alpha$ をみたす $a \in A$ が存在する．すると，ある $x \in S$ に対して $a \leq x$ であるから，結局，任意の $\varepsilon > 0$ に対して $\alpha - \varepsilon < x \leq \alpha$ をみたす $x \in S$ が存在する．したがって，α は S の上限である．

S が有界ならば $-S$ も有界である．すると，いま示したことから $\sup(-S)$ が存在する．したがって，$\inf S = -\sup(-S)$（命題 3.6 (2)）より，$\inf S$ が存在することがわかる．■

問題 3.7 $\sup S = \inf B$ を上の証明と同様に直接示せ．

命題 3.11 a が正の実数ならば実数の集合 $\{na \mid n \in \mathbb{N}\}$ は上に有界でない．

証明 $\{na \mid n \in \mathbb{N}\}$ が上に有界であるとしよう．定理 3.10 より上限 β が存在する．上限の定義より，$\beta - a$ より大きな $\{na \mid n \in \mathbb{N}\}$ の元が存在する．この元を ka とすれば，$\beta - a < ka$ であるから $\beta < (k+1)a$ となる．これは β が上限であることに反する．したがって，有界ではない．■

定理 3.12（アルキメデスの原理） 任意の 2 つの正の実数 a, b に対して，$b < na$ をみたす自然数 $n \in \mathbb{N}$ が存在する．

証明 $\{na \mid n \in \mathbb{N}\}$ は上の命題 3.11 より有界ではない．したがって，$\{na \mid n \in \mathbb{N}\}$ の中に b より大きな na が存在する．■

問題 3.8 整数全体 $\mathbb{Z}$ や有理数全体 $\mathbb{Q}$ の Dedekind の切断では切れ目にどのような状況が生じるか調べよ．

問題 3.9 さらに，辞書式順序（例 6.13 (7)（p.130））に関する順序集合 $\mathbb{N} \times \mathbb{N}$ など，いろいろな全順序集合に対して Dedekind の切断の"切れ目"に生じる違いについて考えよ．

整数全体はとびとびの値をとるので，その切断 (A, B) では A には最大元が B には最小元がともに存在する．それに対して，有理数全体 $\mathbb{Q}$ は $\mathbb{R}$ の中にびっしりとあるので状況は異なる．実際，任意の実数に対して，その実数のいくら

でも近くに他の有理数が存在する．この性質を，$\mathbb{Q}$ は $\mathbb{R}$ の中で**稠密** (ちゅうみつ) である，といい表す[4]．

命題 3.13 有理数全体 $\mathbb{Q}$ は実数全体 $\mathbb{R}$ の中で稠密である．

証明 どの実数 $x \in \mathbb{R}$ についても，任意の正の数 $\varepsilon > 0$ に対して幅が 2ε の開区間 $(x-\varepsilon, x-\varepsilon)$ 内に有理数が存在することを示せばよい．アルキメデスの原理 (定理 3.12) により n を大きく選べば，$1/n < \varepsilon$ とできる．数直線上に有理数 k/n ($k \in \mathbb{Z}$) をプロットしてみると，これは $\mathbb{R}$ 内に間隔 $1/n$ の網を作ったことになる．$x \in \mathbb{R}$ に一番近いこの網の点を選べば，その点は有理数であって，x との距離は ε 以下である．したがって稠密であることがわかる．■

このことから，$\mathbb{Q}$ の切断では Dedekind の公理がなりたたないことがわかる．すなわち，$\mathbb{R}$ の切断のように切断の 2 つの部分集合に最大元または最小元のいずれか一方だけが必ず存在するということではない．たとえば，$\sqrt{2}$ 以下の有理数全体 A とそれ以上の有理数全体 B とに切断をすると，$\sqrt{2}$ は有理数ではないから A には最大元が存在しないし，B には最小元は存在しない．また，切断点を有理数に選べば，$\mathbb{R}$ の Dedekind の切断と同じように，切口にはどちらかに最大元か最小元かが存在することになる．

また，命題 3.13 から，一般に無理数は有理数の極限としてとらえることができることがわかる．たとえば，

$$3, 3.1, 3.14, 3.141, 3.1415, 3.14151, 3.141516, \cdots \tag{3.1}$$

のように有理数の極限として π は得られるのである．

注意 3.1 1 辺が長さ 1 の直角 2 等辺 3 角形を考えればわかるように $\sqrt{2}$ は作図が可能である．ということは，有限の手続きで得られる無理数もあるということだ．しかし，無理数が具体的に与えられたときにそれが有限の手続きで得られるのかどうか判断するのはそう容易なことでない．

---

[4]一般に，全順序集合 $(X, \preceq)$ において，任意の 2 つの元 $x, y \in X$ に対して $x \prec y$ ならば $x \prec z \prec y$ をみたす $z \in X$ が存在するとき，全順序集合 X は**稠密**であるという．たとえば，有理数全体 $\mathbb{Q}$ は稠密である．

有理数を大きさの順に並べただけでは穴ぼこだらけなので，穴埋めをして得られたものが実数だと考えることもできる．再び，おかしなことに気がつくはずだ．というのは，数直線の存在を自然に認めてしまっている．こうなってしまうと堂々巡りなので，どこかでこの議論の輪を切る必要がある．そのために，ここでは Dedekind の切断がなりたつことを公理として認め，このことをもって，実数の連続性の定義とするという方法をとったのである．

別の見方で連続性を考えてみたい．本格的な議論は微積分の授業にゆずるが，そのためには収束について厳密な議論を少ししなければならない．まず，例から始めよう．(3.1) の数列の極限の存在は Dedekind の公理から導くことができる．実際，

$$S = \{3, 3.1, 3.14, 3.141, 3.1415, 3.14151, 3.141516, \cdots\}$$

とおくと，S の元は 4 より小さいから上に有界である．したがって，S には上限 $\sup S$ が存在する．すべての S の元は $\sup S$ より小さく，$\sup S$ のどんなに近くにも S の元が存在するので，$\sup S$ がこの数列の極限になる．

一般には，

定義 3.14 数列 $x_1, x_2, \cdots$ が x に**収束**する，すなわち $\lim_{n \to \infty} x_n = x$ であるとは，x のどんなに小さな近傍 $(x - \varepsilon, x + \varepsilon)$ に対しても，n_0 番より先の列 $x_{n_0}, x_{n_0+1}, \cdots$ がすべてこの開区間 $(x - \varepsilon, x + \varepsilon)$ に属するような n_0 が存在することである．

例 3.15 次の数列の極限を求めてみよう．

(1) $\lim_{n \to \infty} 1/n$,

(2) $\lim_{n \to \infty} e^{-n}$.

(1) の極限は 0 であることは明らかである．ε を任意の正の数とする．$1/n < \varepsilon$ をみたす最小の n を n_0 とおくと，$n \geq n_0$ ならば

$$\frac{1}{n} \leq \frac{1}{n_0} < \varepsilon$$

をみたすので, $\lim_{n\to\infty} 1/n = 0$ であることが厳密に示せたことになる.

(2) の極限も 0 であることはわかるであろう. $n > -\log \varepsilon$ をみたす最小の整数を n_0 とすると $n \geq n_0$ ならば

$$e^{-n} < e^{\log \varepsilon} = \varepsilon$$

である. ゆえに, $\lim_{n\to\infty} e^{-n} = 0$.

定理 3.16 $\{x_n\}_{n=1,2,\ldots}$ を有界かつ単調増加な数列とする. このとき極限 $\lim_{n\to\infty} x_n$ が存在する.

証明 π の存在を示した証明を一般的な形にすればよいのである. 集合 $\{x_1, x_2, \cdots\}$ は有界であるので, 上限 x が存在する. $x_n \leq x$ がなりたつ. また, 任意の正数 ε に対して, $x - \varepsilon < x_{n_0}$ をみたす x_{n_0} が存在する. 数列は単調増加なので, $n_0 < n$ ならば $x_{n_0} < x_n \leq x$ であるから, $x - \varepsilon < x_n \leq x$ がなりたつ. したがって, x は数列 $\{x_n\}_{n=1,2,\ldots}$ の極限である. ∎

注意 3.2 有界かつ単調減少な数列 $\{x_n\}_{n=1,2,\ldots}$ についても, 極限 $\lim_{n\to\infty} x_n$ が存在することが, 上の定理と同様に示せる.

もう 1 つ直観的に理解可能と思われる議論をしておこう.

定理 3.17 有界な数列 $\{x_n\}_{n=1,2,3,\ldots}$ からは収束する部分列を選ぶことができる.

証明 この証明には**区間縮小法**と呼ばれるテクニックを用いる. 数列は有界であるから, すべての x_n が $|x_n| < M$ をみたすような $M > 0$ が存在する. $[-M, M]$ を区間 I_0 とおこう. これを長さが等しい 2 つの区間に分けると, どちらかには $\{x_n\}$ の元が無限個入っていなくてはならない. その区間を I_1 としよう. 両方ともに無限個入っているときには, 好みの方を I_1 とおけばよい. さらに I_1 を半分に分けて, そのうち無限個入っている方を I_2 とおく. 以下, この操作を続けていくと区間の長さが半分ずつになっていくことに注意して, 収束する部分列を作ろう. まず, I_1 に入っている $\{x_n\}$ の元を $x_1^1, x_2^1, \cdots$, I_2

に入っている元を $x_1^2, x_2^2, \cdots$ などとおいて, I_n に入っている元を $x_1^n, x_2^n, \cdots$ とおく. 確かに $x_1^n, x_2^n, \cdots$ は長さ $2M/2^n$ の区間に入っているから, n を大きくとれば, 狭い範囲に集中して, 極限が存在しそうだが, この方法では収束部分列の 1 番目すら無限に操作を行った後でないと定められないことになる. このことは永遠に列が求まらないことを意味している.

そこで対角線論法というのを用いる. I_1 から x_1^1 を選び, I_2 から x_2^2 を選び, と続けて I_n から x_n^n を選ぶ. このようにすると, $x_{n+1}^{n+1}, x_{n+2}^{n+2}, \cdots$ は I_n に属していることから, これらの任意の 2 数の差は $2M/2^n$ 以下になる. このことはこの列が収束することを示している. ∎

この結論に疑問をもつ人もいるかもしれない. これについては少し後で述べることにしよう. これまでに次のことが登場した.

(1) Dedekind の公理,
(2) 有界な集合の上限と下限の存在,
(3) 単調有界数列の極限の存在,
(4) 区間縮小法による極限の存在,
(5) アルキメデスの原理.

これらの関係を整理しておこう.

定理 3.18 実数全体 $\mathbb{R}$ における四則演算と順序関係を前提として, 次のことが同値である.

$$(1) \iff (2) \iff (3) \iff (4) \text{ かつ } (5)$$

すなわち, どれを実数の連続性の定義 (公理) にしても他を証明できる. このことを定義 (公理) として同値であるという. この定理の証明にまでは深入りしないことにする.

実数の世界にはもう 1 つ重要な性質である完備性がある. さきほど区間縮小法による証明で疑問をもった人はこのことに気がついたのであろう. 完備性について説明するために, コーシー (Cauchy) 列の定義を少しだけた表現でしておく.

定義 3.19　数列 $x_1, x_2, \cdots$ が**コーシー列**をなすとは，どんな正の数 $\varepsilon > 0$ に対しても，$x_{n_0}, x_{n_0+1}, \cdots$ のどの 2 数の間の差が ε より小さくなるような番号 n_0 が存在する．

定理 3.20　実数全体 $\mathbb{R}$ では，すべてのコーシー列は収束する．

この性質を $\mathbb{R}$ の**完備性**という．定理 3.16 の証明において，区間縮小法により示したのは，構成した列がコーシー列であるというところまでであった．後は，実数の完備性から，その数列が収束することが示されることになる．

問題 3.10　数列
$$3,\ 3.1,\ 3.14,\ 3.141,\ 3.1415,\ 3.14151,\ 3.141516,\ \cdots$$
がコーシー列であることを証明せよ．

第 4 章

複素数

数の概念は自然数から始まって，整数，有理数，実数そして複素数と発展してきた．この歴史の中で，数は代数方程式だけではなく幾何学あるいは解析学とも深く関わっていた．高等学校においては，複素数は 2 次方程式の一般的解法を可能にするために登場した．しかし，複素数の重要さはこれだけでなく，物理学や工学などの広汎な現代科学において不可欠な概念であることにある．これまであまり詳しく学ぶ機会がなかった複素数についての知識を補うことにする．

4.1 四則演算と共役，平面表示と絶対値

4.1.1 四則演算と共役

定義 4.1 $a + bi$ $(a, b \in \mathbb{R}, i^2 = -1)$ の形の「数」を**複素数** (**complex number**) という．複素数全体の集合を $\mathbb{C}$ で表す．複素数の足し算，かけ算を

$$(a + bi) + (c + di) := (a + c) + (b + d)i,$$
$$(a + bi)(c + di) := (ac - bd) + (ad + bc)i$$

と定義する．

$\alpha = a + bi$ のとき，

a を α の実部とよび，$a = \operatorname{Re}\alpha$ で表し，

b は α の虚部とよび，$b = \operatorname{Im}\alpha$ で表す．

$\alpha = a + 0i$ のとき $\alpha = a$ と書いて, 実数 a と同じものだと考える[1]. $\alpha = 0 + bi$ のように $\mathrm{Re}\,\alpha = 0$ である複素数を**純虚数 (purely imaginary number)** といい, $\alpha = bi$ と書くことにする.

$\alpha = a + bi$ に対して $\bar{\alpha} = a - bi$ を α の**共役複素数 (complex conjugate number)** という[2]. これに対して次の性質がなりたち, 大変便利である.

命題 4.2
(1) $\bar{\bar{\alpha}} = \alpha$,
(2) $\bar{\alpha} + \bar{\beta} = \overline{\alpha + \beta}$, $\bar{\alpha}\bar{\beta} = \overline{\alpha\beta}$,
(3) $\alpha + \bar{\alpha} = 2a = 2\mathrm{Re}\,\alpha$, $\alpha - \bar{\alpha} = 2bi = 2(\mathrm{Im}\,\alpha)i$,
(4) $\alpha\bar{\alpha} = a^2 + b^2$.

問題 4.1 命題 4.2 を証明せよ.

系 4.3 (1) α が実数であるための必要十分条件は $\alpha = \bar{\alpha}$.
(2) α が純虚数であるための必要十分条件は $\alpha = -\bar{\alpha}$.

問題 4.2 複素数の共役の性質を使って, 次のことを証明せよ:
実数係数の方程式 $f(x) = a_n x^n + a_{n-1} x^{n-1} + \cdots + a_0 = 0$ が複素数 α を解にもつならば $\bar{\alpha}$ も解である.

複素数では 0 以外の数での割り算もできる. $\alpha \neq 0$ のとき, $\alpha\bar{\alpha}$ は正の実数だから, $\alpha = a + bi$, $\beta = c + di$ のとき,

$$\frac{\beta}{\alpha} = \frac{\bar{\alpha}\beta}{\alpha\bar{\alpha}} = \frac{ac + bd}{a^2 + b^2} + \frac{ad - bc}{a^2 + b^2} i.$$

問題 4.3 $\overline{\left(\dfrac{\beta}{\alpha}\right)} = \dfrac{\bar{\beta}}{\bar{\alpha}}$ を証明せよ $(\alpha \neq 0)$.

問題 4.4 次の複素数を $a + bi$ の形に直せ.
(1) $(2 + 3i)(1 - 2i)$, (2) $(\sqrt{2} - i)^3$, (3) $\dfrac{1 + 3i}{2 + 5i}$, (4) $\dfrac{1 + \sqrt{3}i}{\sqrt{3} - i}$.

---

[1] $\alpha = a + 0i$ と a を "同一視する" という.
[2] $a - bi$ は $a + (-b)i$ の略記である.

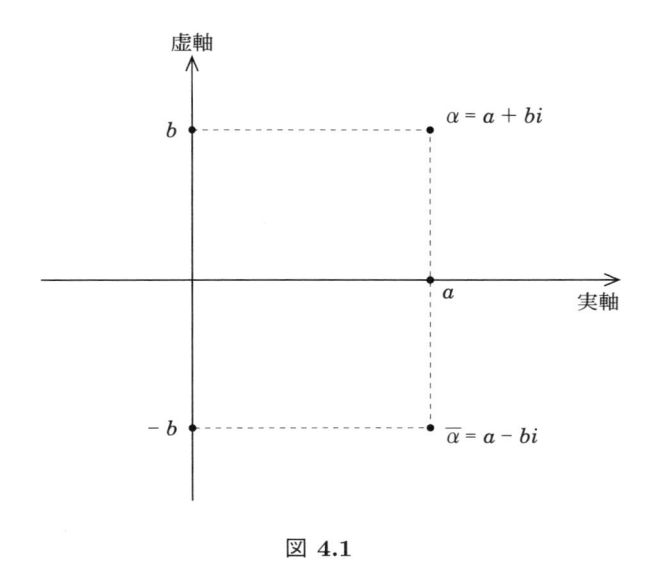

4.1 四則演算と共役, 平面表示と絶対値 | 65

図 4.1

4.1.2 複素数の平面表示と絶対値

さて，複素数の平面の点での表示を考えよう．平面上に直交座標を 1 つ定めて，$\alpha = a + bi$ を平面の点 (a, b) で表わす (図 4.1)．もちろん 0 は原点に対応する．以下で α は複素数と点 (a, b) の 2 通りの意味をもつことにしよう．したがって，「点 α」という表現もする．この平面を**複素平面 (complex plane)** または**ガウス平面**といい，横軸を実軸，縦軸を虚軸という．$\bar{\alpha}$ は x-軸に関して α と対称な点である．

2 つの複素数 α, β に対してベクトル $\overrightarrow{O\alpha}$ と $\overrightarrow{O\beta}$ を考えると，$\alpha + \beta$ は 2 つのベクトルの和 $\overrightarrow{O\alpha} + \overrightarrow{O\beta}$ の終点になる (図 4.2)．したがって，α とベクトル $\overrightarrow{O\alpha}$ を対応させると，α を"加える"ことは，$\overrightarrow{O\alpha}$ による"平行移動"と考えることができる．こんなふうに 1 つのものを何通りにも見られるのが数学のとても面白い所だ．

O と点 α の距離 (または $\overrightarrow{O\alpha}$ の長さ) を α の**絶対値**といい，$|\alpha|$ で表わす．したがって，$\alpha, \beta \in \mathbb{C}$ に対して $|\alpha - \beta|$ は点 α と点 β を結ぶ線分の長さである．複素数は四則演算ができる「数」としての性質と，幾何的なベクトルとし

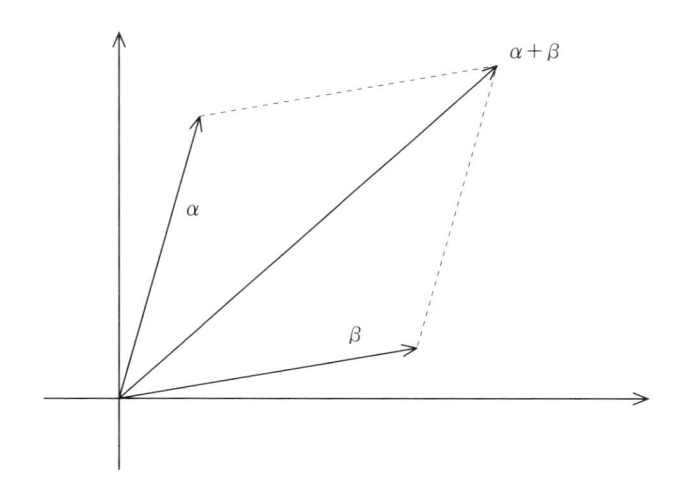

図 4.2

ての両方の性質をそなえている．$|\alpha| = \sqrt{a^2 + b^2}$ だから，

$$|\alpha|^2 = \alpha\bar{\alpha}.$$

これより次の式が証明できる．

命題 4.4

(1) $|\alpha| = 1 \iff \bar{\alpha} = \alpha^{-1}$,
(2) $|\alpha\beta| = |\alpha||\beta|$,
(3) $\mathrm{Re}\,\alpha \leq |\alpha|$, $\mathrm{Im}\,\alpha \leq |\alpha|$,
(4) $|\alpha + \beta| \leq |\alpha| + |\beta|$ (**3 角不等式**),
(5) $||\alpha| - |\beta|| \leq |\alpha - \beta|$.

問題 4.5 3 角不等式で等号が成立する必要十分条件は $\alpha\bar{\beta}$ が 0 以上の実数であることを示せ．

問題 4.6 $w = (z-1)/(z+1)$ (ただし $z \neq -1$) と置くとき，$\bar{w}$ を計算することにより次のことを示せ．

(1) $|z| = 1$ のとき w は純虚数，

(2) z が純虚数のとき $|w|=1$.

問題 4.7 $|z+w|^2 - |z-w|^2 = 4\mathrm{Re}\,(z\bar{w})$ を示せ.

問題 4.8 (1) $|z|=1$ のとき $(1+z)^{-1} + (1+\bar{z})^{-1}$ を簡単にせよ.
(2) $|z|=|w|=1$ のとき $|z^{-1}+w^{-1}|=|z+w|$ を示せ.

問題 4.9 次の等式を満たす複素数 z はどんな図形の上にあるか.
(1) $|z|=|z-1|$,
(2) $|z-2i|=|z+4|$,
(3) $|z-1|+|z+1|=2\sqrt{2}$,
(4) $z\bar{z}+2iz-2i\bar{z}=1$,
(5) $|z-4|=2|z-2i|$,
(6) $\mathrm{Re}\,(1-i)\bar{z}=0$,
(7) $\mathrm{Re}\,(z/(z+i))=0$,
(8) 2つの等式 $|z|=1$, $|z-1|=1$ を満たす z.

問題 4.10 $w=z/(1+z^2)$ と置く. $w-\bar{w}$ を計算して w が実数となるための z の必要十分条件を求めよ. ただし, z は実数でも $\pm i$ でもないとする.

問題 4.11 $\alpha\,(\neq 0), \beta \in \mathbb{C}$ に対して, $\mathrm{Re}\,(\alpha z + \beta) = 0$ をみたす z はどんな図形の上にあるか.

問題 4.12 $|z+w|^2 + |z-w|^2 = 2(|z|^2 + |w|^2)$ を証明せよ. またこの等式を幾何的に説明せよ.

4.2 極形式表示と積, 冪乗, 冪根

平面上の点の平行移動には複素数の加法が対応したのだが, 回転運動には複素数のかけ算が活躍する.

まず, 複素数の偏角を定義する. x 軸の正の方向からベクトル $\overrightarrow{O\alpha}$ へ反時計周りで計った角度を**偏角**と言い,

図 4.3

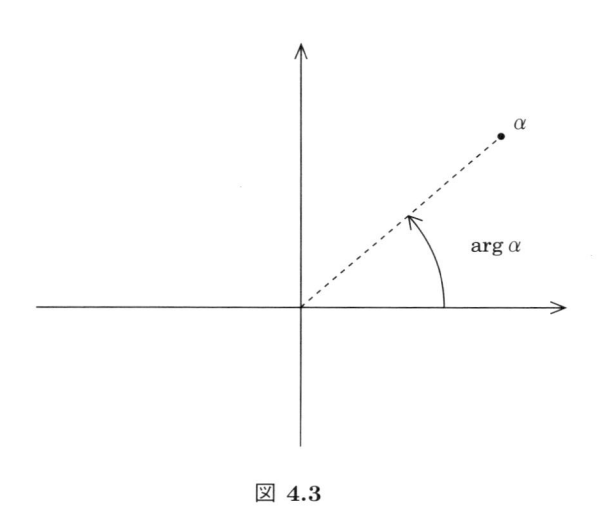

$$\arg \alpha$$

で表わす (図 4.3).

　ところで，これからは角度を表すのにこれまでのように，度数法で表すのではなく，ラジアンを用いて表そう．ラジアンは原点中心，半径 1 の円 (単位円という) を点 $(1,0)$ から反時計周りに計った弧の長さで角度を表す．すなわち，$90° = \pi/2$, $180° = \pi$ などとなる．1 周すればもとに戻るから $2\pi = 360°$ でもある．$a+bi$ に i をかけると $-b+ai$ になるが，点 (a,b) を 90 度回転すると $(-b,a)$ になる (図 4.4)．複素数 i をかけると 90 度の回転がおきる．90 度の回転は 2 回行うと 180 度の回転になり，180 度の回転は -1 倍することだから，$i^2 = -1$ をうまく説明できる．$-\theta$ $(\theta > 0)$ ラジアンの回転とは，時計回りの θ ラジアンの回転のこととする．

　ここで 1 つ注意しておくことは，偏角は 1 通りには決まらないということである．360 度 $(= 2\pi)$ 回転すると同じ場所に戻ってしまうので，たとえば $\arg(i)$ は $\pi/2, -3\pi/2, 5\pi/2, \cdots$ のどれでもよいことになる．しかし，取り得る値は

$$\arg i = \pi/2 + 2n\pi \quad (n = 0, \pm 1, \pm 2, \cdots)$$

という形で書くことはできる．このように，**複素数の偏角は 2π の整数倍の差**

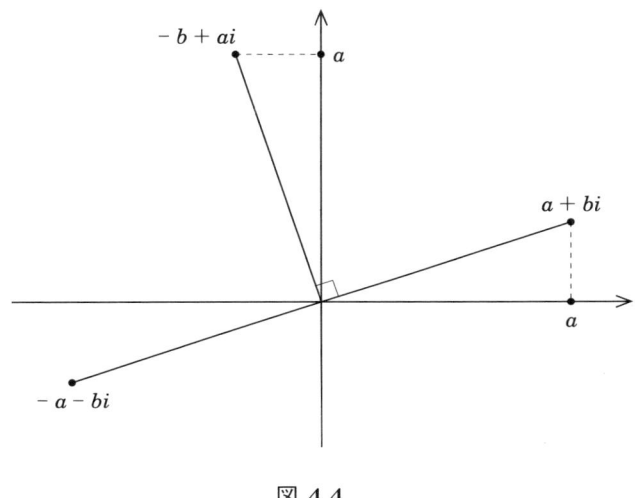

図 4.4

を除いて一意的に決まるのである．2 つの数が同じ偏角を持つとき

$$\arg \alpha \equiv \arg \beta \pmod{2\pi}$$

とかく．ここで $\mathrm{mod}\, 2\pi$ は両辺の差が 2π の**整数倍**であることを意味する．たとえば，この記法を使うと

$$5 \equiv 101 \equiv -19 \pmod{12}$$

などとなる．

問題 4.13 次の複素数の偏角を求めよ．
(1) $4 - 4i$, (2) $\dfrac{-1 + \sqrt{3}i}{4}$, (3) $-5i$.

複素数を絶対値と偏角を与えて表わすことを**極形式表示**あるいは**極座標表示**という．たとえば，$2 + 2i = 2\sqrt{2}(\cos \pi/4 + i \sin \pi/4)$, $-6 = 6(\cos \pi + i \sin \pi)$ である．一般に

$$z = |z|(\cos(\arg z) + i \sin(\arg z))$$

である．

問題 4.14 次の複素数を極形式で表わせ.
(1) $3\sqrt{3} - 3i$,
(2) $(1-i)/\sqrt{2}$,
(3) $-5 + 5i$,
(4) $\sqrt{5}i$,
(5) $(5\sqrt{3} - 5i)/4$,
(6) $((1+i)/\sqrt{2})^4$.

偏角はかけ算と大変相性がよい. 次の等式が成立する.

命題 4.5
$$\arg(\alpha\beta) \equiv \arg(\alpha) + \arg(\beta) \pmod{2\pi}.$$

証明 $\arg(\alpha) = \theta, \arg(\beta) = \phi$ とし,
$$\alpha = r(\cos\theta + i\sin\theta),$$
$$\beta = s(\cos\phi + i\sin\phi)$$
とする. このとき, 3 角関数の加法定理によって
$$\alpha\beta = r(\cos\theta + i\sin\theta) \cdot s(\cos\phi + i\sin\phi)$$
$$= rs((\cos\theta\cos\phi - \sin\theta\sin\phi) + i(\sin\theta\cos\phi + \cos\theta\sin\phi))$$
$$= rs(\cos(\theta+\phi) + i\sin(\theta+\phi)).$$
ゆえに,
$$\arg(\alpha) + \arg(\beta) = \theta + \phi \equiv \arg(\alpha\beta) \pmod{2\pi}. \blacksquare$$

系 4.6 (1) $\arg(\alpha^{-1}) \equiv -\arg(\alpha) \pmod{2\pi}$,
(2) $\arg(\alpha/\beta) \equiv \arg(\alpha) - \arg(\beta) \pmod{2\pi}$,
(3) $\angle\alpha\mathrm{O}\beta \equiv \arg(\alpha/\beta) \pmod{2\pi}$.

上の命題 4.5 の意味を考えよう. $\alpha = r(\cos\theta + i\sin\theta)$ を他の複素数 β に掛

けたとき，$\alpha\beta$ の絶対値は r 倍され，偏角は θ が加わる．ゆえに，

$$\mathbb{C} \longrightarrow \mathbb{C} \quad (\beta \longmapsto \alpha\beta)$$

という写像は，角度 θ の回転と，原点を中心とする r 倍の拡大 ($r < 1$ のときは縮小) 写像を合成したものと思える．したがって，とくに $r = 1$ のとき，角度 θ の回転写像となる．たとえば，2 点 A, B が与えられたとき，第 3 の点 C を $\triangle ABC$ が正 3 角形になるように求めたいとする．いま，A, B が複素数 α, β で与えられているならば，

$$\zeta := \cos\frac{\pi}{3} + i\sin\frac{\pi}{3}$$
$$= \frac{1 + \sqrt{3}i}{2}$$

だから，$\zeta(\beta - \alpha)$ は $\beta - \alpha$ (線分 AB) を 60 度回転したものになっている．ゆえに

$$\gamma = \alpha + \zeta(\beta - \alpha)$$

が求める第 3 の頂点を与える複素数になっている．幾何の問題がかけ算でできるのは痛快ではないか！

問題 4.15 次の角度の回転をするためにどんな複素数をかけたらよいか？
(1) $\pi/4$, (2) $5\pi/6$, (3) $-\pi/3$.

問題 4.16 (1) $0, \alpha, \alpha + \beta, \beta$ を 4 つの頂点とする平行 4 辺形の 2 つの対角線の交点は何か？ また，この点は向い合った 2 つの頂点からそれぞれ等距離にあることを示せ．

(2) $\alpha \neq \pm\beta$ で $|\alpha| = |\beta|$ であるとき，$(\alpha + \beta)/(\alpha - \beta)$ が純虚数であることを示し，これより菱形の対角線が互いに直交することを導け．

問題 4.17 (1) $2 - i, 3 + 2i, z$ が正 3 角形となる z を求めよ．
(2) $2 - i, 5 + i, z$ が直角 2 等辺 3 角形となる z を求めよ．ただし z と $2 - i$ を結ぶ線分を斜辺とする．

積の偏角の公式の特別な場合として次のド・モアヴルの定理が得られる.

定理 4.7 (De Moivre (ド・モアヴル)) $\alpha = r(\cos\theta + i\sin\theta)$ のとき $\alpha^n = r^n(\cos n\theta + i\sin n\theta)$.

この定理を使うと, n 乗の計算が感激的に簡単になることがある.

問題 4.18 次の冪乗を計算せよ.
(1) $(1+\sqrt{3}i)^{10}$,
(2) $\bigl((1-i)/\sqrt{2}\bigr)^{105}$.

問題 4.19 $(\cos\theta + i\sin\theta)^n$ $(n = 3, 4, 5, 6)$ を展開して $\cos n\theta$, $\sin n\theta$ $(n = 3, 4, 5, 6)$ をそれぞれ $\cos\theta$ と $\sin\theta$ の多項式で表わせ.

ド・モアヴルの定理は w を与えて $w^n = \alpha$ となる α を求めたが, 逆に α を与えて $w^n = \alpha$ となる w, すなわち α の n 乗根を求めよう. これも絶対値と偏角にしてみると, もう答が出ているようなものである.

$\alpha = r(\cos\theta + i\sin\theta)$ のとき $w = s(\cos\phi + i\sin\phi)$ とおくと

$$w^n = s^n(\cos n\phi + i\sin n\phi)$$
$$= \alpha = r(\cos\theta + i\sin\theta)$$

だから

$$r = s^n, \quad n\phi = \theta \quad (\phi = \arg w, \ \theta = \arg \alpha)$$

となる. ただしここで, $\arg \alpha$ が 2π の整数倍の自由度をもつことが問題になる.

$$n\phi = \theta + 2k\pi$$

として $k = 0, 1, 2, \cdots$ と動かしてみると

$$\phi = \frac{\theta}{n} + \frac{2k\pi}{n} \quad (k = 0, 1, 2, \cdots)$$

となる (図 4.5). ϕ に 2π の整数倍を加えても同じ w を与えるから, α の n 乗根 w は全部で

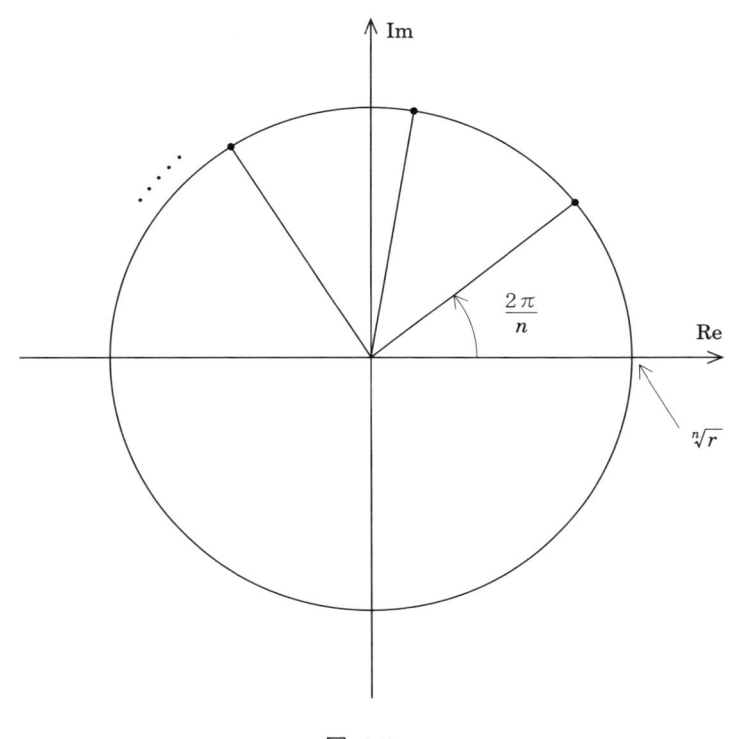

図 4.5

$$w = \sqrt[n]{r}\left(\cos\left(\frac{\theta}{n} + \frac{2k\pi}{n}\right) + i\sin\left(\frac{\theta}{n} + \frac{2k\pi}{n}\right)\right)$$

$$(k = 0, 1, \cdots, n-1)$$

となる．すなわち，

定理 4.8 0 以外の複素数は (複素数の範囲で) ちょうど n 個の n 乗根をもつ．

問題 4.20 次を満たす z をすべて求めよ．
(1) $z^6 = -2$,
(2) $z^3 = 8i$,

(3) $z^3 = 2 + 2i$,
(4) $z^8 = 16$,
(5) $z^3 = -3\sqrt{3}$.

問題 4.21　(1) $\triangle \alpha\beta\gamma$ が正 3 角形のとき $(\beta - \alpha)/(\gamma - \alpha)$ を求めよ.
(2) $\triangle \alpha\beta\gamma$ が正 3 角形である必要十分条件は $\alpha^2 + \beta^2 + \gamma^2 = \beta\gamma + \gamma\alpha + \alpha\beta$ であることを示せ.

問題 4.22　4 点 $\alpha, \beta, \gamma, \delta$ が同一直線上または同一円周上にある必要十分条件は $\left(\dfrac{\alpha - \gamma}{\beta - \gamma}\right) \Big/ \left(\dfrac{\alpha - \delta}{\beta - \delta}\right)$ が実数であることを示せ.

4.2.1　複素数の四則演算と作図

これまでに既に出てきたことであるが, 与えられた 2 つの複素数の和, 差, 積, 商に対応する複素数の複素平面上での作図についてまとめておこう.

- 和 $\alpha + \beta$
  $\alpha = a + ib$, $\beta = c + id$ とすれば $\alpha + \beta = (a + c) + i(b + d)$ であるから, 2 つのベクトルの和 $\overrightarrow{O\alpha} + \overrightarrow{O\beta}$ の終点が和 $\alpha + \beta$ に対応する点である.
- 差 $\alpha - \beta$
  $\alpha - \beta = \alpha + (-\beta)$ であり, $-\beta$ は原点に関して β と対称の点だから, 差 $\alpha - \beta$ に対応する点は図 4.6 のようになる.
- 積 $\alpha\beta$

$$\alpha = r(\cos\theta + i\sin\theta),$$
$$\beta = s(\cos\phi + i\sin\phi)$$

と極座標表示すると,

$$\alpha\beta = rs(\cos(\theta + \phi) + i\sin(\theta + \phi))$$

であるから, 3 角形 OβP が 3 角形 O1α と相似になる点 P が積 $\alpha\beta$ に対応する点である (図 4.7).

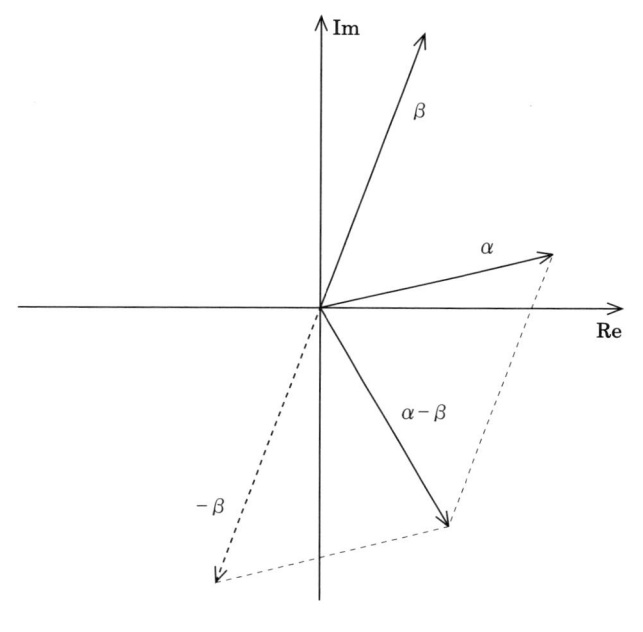

図 4.6 差

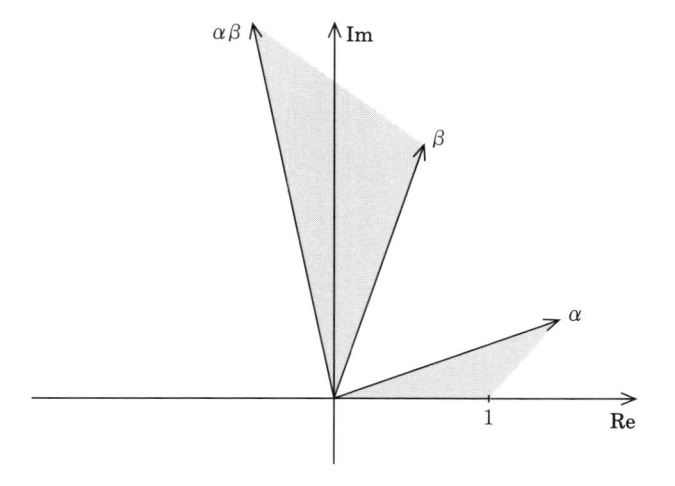

図 4.7 積

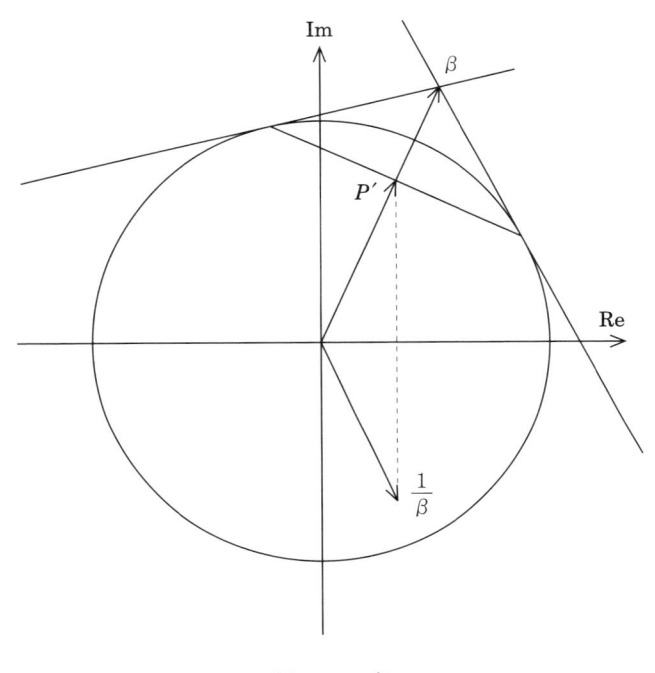

図 4.8　商

- **商 α/β**

  $\alpha/\beta = \alpha(1/\beta)$ であるから, $1/\beta$ が作図できればよい.
  $$\frac{1}{\beta} = \frac{1}{s}(\cos(-\phi) + i\sin(-\phi))$$
  と極座標表示することにより, 次のように作図できることがわかる.
  原点を中心として半径 1 の円を単位円という. β が単位円の外部にあるときは, β から単位円に 2 本の接線を引き, その接点を結ぶ直線と直線 $O\beta$ との交点を P' とする. すると, $\overline{OP'} = 1/s$ である. したがって, 実軸に関して P' と対称な点 P が $1/\beta$ に対応する点である (図 4.8).

問題 4.23 β が単位円の内部にあるときの点 $1/\beta$ の作図を考えよ.

4.2.2　3次方程式の解法

冪根の応用として，3次方程式を解いてみよう．この解法はルネッサンス時代にカルダノ (Girolamo Cardano, 1501〜76) の本に現れたもので，このカルダノという人は大変面白い人生を送った人物で『カルダノ自伝』という本がある．この解法も他の人物のものをちゃっかり頂いたものらしい[3]．

$x^3 + ax^2 + bx + c = 0$ をまず

$$\left(x + \frac{a}{3}\right)^3 + \left(b - \frac{a^2}{3}\right)\left(x + \frac{a}{3}\right) + \left(c - \frac{ab}{3} + \frac{2a^3}{27}\right) = 0$$

と変形する．この式は $y = x + a/3$ とおくと $y^3 + py + q = 0$ という 2 次の項が無い形をしている．たとえば，

$$x^3 + 3x^2 - 2x + 1 = (x+1)^3 - 5(x+1) + 5 = 0 \tag{♯}$$

となる．ここで方程式 $y^3 - 5y + 5 = 0$ が解ければ，(♯) の解 x は $x = y - 1$ より求められる．だから改めて，2 次の項がない方程式

$$x^3 + px + q = 0 \tag{4.1}$$

から出発しよう．$x^3 + px + q = 0$ の 1 つの解を α とし，2 次方程式

$$s^2 - \alpha s - \frac{p}{3} = 0$$

を考える．

この方程式の解を u, v とすると

$$u + v = \alpha, \quad uv = -\frac{p}{3} \tag{i}$$

であるから，u, v が求められれば，3 次方程式の解 α が得られる．

そこで，これをもとの方程式 (4.1) に代入して計算すると

$$(u+v)(3uv + p) + (u^3 + v^3 + q) = 0$$

---

[3] はじめて代数的な解法を発見したのはフェロ (Scipione del Ferro, 1463 (?) 〜 1526) という人で，30 年ほど後にタルタリア (Tartaglia Nicolō, 1506〜1557) が再発見してその証明をカルダノが $\cdots$，ということらしいのだが $\cdots$．カルダノとタルタリアの間に，3 次方程式の解法についての論争がある．

を得る．(i) より，$3uv + p = 0$ だから
$$u^3 + v^3 = -q, \quad u^3 v^3 = -\left(\frac{p}{3}\right)^3.$$
したがって，u^3, v^3 は 2 次方程式
$$t^2 + qt - \left(\frac{p}{3}\right)^3 = 0$$
の解である．ゆえに，
$$u^3 = -\frac{q}{2} + \sqrt{\left(\frac{q}{2}\right)^2 + \left(\frac{p}{3}\right)^3},$$
$$v^3 = -\frac{q}{2} - \sqrt{\left(\frac{q}{2}\right)^2 + \left(\frac{p}{3}\right)^3}.$$
ここで ω を 1 の 3 乗根 ($\omega = -1/2 + \sqrt{3}i/2$) とすると，$u$, v は
$$u = \sqrt[3]{-\frac{q}{2} + \sqrt{\left(\frac{q}{2}\right)^2 + \left(\frac{p}{3}\right)^3}}, \quad \omega u, \quad \omega^2 u,$$
$$v = \sqrt[3]{-\frac{q}{2} - \sqrt{\left(\frac{q}{2}\right)^2 + \left(\frac{p}{3}\right)^3}}, \quad \omega v, \quad \omega^2 v$$
と，それぞれ 3 つ求まる．しかし，条件 $uv = -p/3$ を満たさなければならないので，3 次方程式の解は次のようになる：
$$\begin{cases} \alpha = u + v, \\ \beta = \omega u + \omega^2 v, \\ \gamma = \omega^2 u + \omega v. \end{cases}$$
これを **G.Cardano** (カルダノ) の公式と呼ぶことがある．

例 4.9 (1) $x^3 - 6x^2 + 3x + 2 = 0$ を解いてみよう．まず，この式を $(x-2)^3 - 9(x-2) - 8 = 0$ と変形する．「x^2 の係数を消す」のである．$y = x - 2$ に対して
$$y^3 - 9y - 8 = 0$$

を解くことになる．u, v を方程式 $s^2 - ys + 3 = 0$ の 2 根とすると
$$u^3 + v^3 = 8, \quad u^3 v^3 = 27$$
より，u^3, v^3 は 2 次方程式 $t^2 - 8t + 27 = 0$ の 2 解である．したがって $u^3, v^3 = 4 \pm \sqrt{11}i$ となる．

ここで $(1 + \sqrt{11}i)^3 = -32 - 8\sqrt{11}i = -8(4 + \sqrt{11}i)$ に気がつけば，

$$\begin{cases} u = \dfrac{-1 - \sqrt{11}i}{2}, & v = \dfrac{-1 + \sqrt{11}i}{2}; & \alpha = -1 + 2 \\ u = \dfrac{-1 - \sqrt{11}i}{2} \dfrac{-1 + \sqrt{3}i}{2}, & v = \dfrac{-1 + \sqrt{11}i}{2} \dfrac{-1 - \sqrt{3}i}{2}; & \beta = \dfrac{1 + \sqrt{33}}{2} + 2 \\ u = \dfrac{-1 - \sqrt{11}i}{2} \dfrac{-1 - \sqrt{3}i}{2}, & v = \dfrac{-1 + \sqrt{11}i}{2} \dfrac{-1 + \sqrt{3}i}{2}; & \gamma = \dfrac{1 - \sqrt{33}}{2} + 2 \end{cases}$$

を得る．これでわかるように，一般解法を使えば確かに解は求まるが，見やすい形で求まるとは限らない．

もう少し易しい例を見てみよう．

(2) $x^3 - 6x^2 - 3x - 104 = 0$ を解く．$y = x - 2$ とおくと
$$y^3 - 15y - 126 = 0,$$
$$u = \sqrt[3]{63 + \sqrt{63^2 - 125}} = \sqrt[3]{63 + \sqrt{3844}}$$
$$= \sqrt[3]{63 + 62} = \sqrt[3]{125} = 5,$$
$$v = -\dfrac{-15}{3 \cdot 5} = 1.$$

ゆえに
$$\begin{cases} \alpha = (5 + 1) + 2 = 8, \\ \beta = (5\omega + \omega^2) + 2 = -1 + 2\sqrt{3}i, \\ \gamma = (5\omega^2 + \omega) + 2 = -1 - 2\sqrt{3}i. \end{cases}$$

(3) $x^3 - 7x - 6 = 0$ を解く．

$$u = \sqrt[3]{3 + \sqrt{9 + \left(\frac{-7}{3}\right)^3}} = \sqrt[3]{3 + \frac{10}{3}\sqrt{-\frac{1}{3}}}.$$

ここで, $\frac{10}{3}\sqrt{-\frac{1}{3}}$ は虚数である. 一方,

$$x^3 - 7x - 6 = (x+1)(x+2)(x-3)$$

であるから, 解は $x = -1, -2, 3$ とすべて整数である！

問題 4.24 次の方程式を 3 次方程式の一般解法で解け.

(1) $x^3 - 3x + 2 = 0$,
(2) $x^3 - 3x - 1 = 0$,
(3) $x^3 - 6x - 6 = 0$,
(4) $x^3 + 6x - 20 = 0$ (ヒント: $(1 \pm \sqrt{3})^3 = 10 \pm 6\sqrt{3}$),
(5) $x^3 - 6x - 9 = 0$,
(6) $x^3 + 3x - 4 = 0$ (ヒント: $(1 \pm \sqrt{5})^3 = 16 \pm 8\sqrt{5}$).

4.3 代数学の基本定理

複素数はある意味で, 実数係数の 2 次方程式の根を得るために作られたといえる. では, 複素数係数の代数方程式を解くためにまた新しい数が必要なのだろうか. 幸いに, もう新しい数は必要ないということが次の定理でわかる. この定理は大変重要なので「**代数学の基本定理**」という名前がつけられている.

定理 4.10 (F.Gauss, 1777〜1855) 複素数係数の多項式 $f(x) = a_n x^n + a_{n-1} x^{n-1} + \cdots + a_1 x + a_0$ に対して, $f(\alpha) = 0$ となる複素数 α が必ず存在する.

もし $f(\alpha) = 0$ なら, 剰余の定理・因数定理によって $f(x) = (x - \alpha)g(x)$ と分解するので, この操作を n 回続けると, $f(x)$ は複素数の範囲で

$$f(x) = a_n(x - \alpha_1)(x - \alpha_2) \cdots (x - \alpha_n)$$

と 1 次式の積に完全に分解してしまうことがわかる.

証明 さて，代数学の基本定理を証明してみよう．まず，方程式
$$a_n x^n + a_{n-1} x^{n-1} + \cdots + a_1 x + a_0 = 0 \quad (a_n, a_0 \neq 0)$$
とこの両辺を a_n で割って得られる方程式
$$x^n + \frac{a_{n-1}}{a_n} x^{n-1} + \cdots + \frac{a_1}{a_n} x + \frac{a_0}{a_n} = 0$$
の根の存在とは同値だから，$a_n = 1$ としよう．複素平面を 2 枚用意し，一方を x 平面，他方を w 平面とする．まず x が x 平面上を動くとき $w = x^n$ が w 平面上をどう動くかを考える．x 平面上の原点を中心とする半径 R の円 $|x| = R$ の上を x が 1 周するとき，ド・モアヴルの定理から $w = x^n$ は w 平面上の円 $|w| = R^n$ の上を n 周することがわかる．ここで
$$u = 1 + a_{n-1} x^{-1} + \cdots + a_1 x^{-(n-1)} + a_0 x^{-n}$$
とおくと
$$|u - 1| \leq \sum_{i=1}^{n} |a_{n-i}| \frac{1}{|x^i|}$$
である．$|x| = R$ がどんどん大きくなると $|u-1|$ はどんどん小さくなるから，u は 1 を中心とした十分小さな半径の円の内部にある．したがって
$$\arg f(x)$$
$$= \arg(x^n (1 + a_{n-1} x^{-1} + \cdots + a_1 x^{-(n-1)} + a_0 x^{-n}))$$
$$= \arg(x^n) + \arg(u)$$
より，円 $|x| = R$ の上を x が 1 周するとき，$w = f(x)$ は何らかの閉曲線 (円とは限らない) に沿ってやはり原点のまわりを n 周することがわかる．

さて，この $w = f(x)$ が描く図形について考える (その図形が糸のようなものでできた輪だと想像してみよう．$w = x^n$ のときは単に $|w| = R^n$ という円に糸が n 重に巻き付いたと思おう)．この図形は R が連続的に動くとき，やはり連続的に動いて行く．もちろん R が非常に小さくなるとき，この図形は 1 点 a_0 の非常に近くにかたまって来る．すると R が十分大きいときから出発して，R を 0 に近付けると，糸が a_0 のまわりに引っ張られる感じになる．この図形

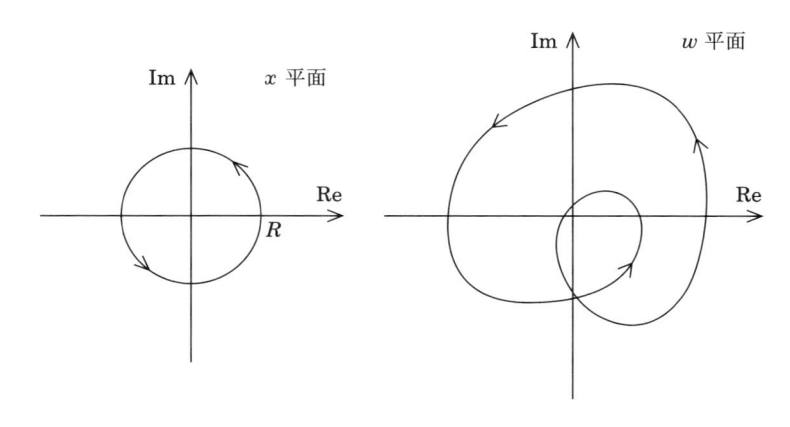

図 4.9

は連続的に変形するのだから,どこかで原点を通る筈ではないか！[4] $f(x)$ が描く図形が原点を通るとは,即ち $f(\alpha) = 0$ という α (根) が存在するということになる．∎

ただし,上のような定理は**存在定理**であって,存在するはずの根をどうやって見つけるかについては何も言っていない．実際,5 次以上の方程式に対して,2 次方程式の根の公式のような「一般解の公式は**存在しない**」ということも示されている (E.Galois, 1811〜32; N.H.Abel, 1802〜29)[5]．

第 4 章への付録：方程式と作図

初等幾何において,条件に適する図形を定規とコンパスだけを有限回使って描くことを**作図**という．ただし,ここでいう定規は必要に応じていくらでも長いものとしてよく,コンパスも同様にいくらでも足の長いものとしてよい．

つまり作図する際に,

---

[4] この部分の議論は直感的な考察によっているが,これを数学的に厳密なものにすることができる．

[5] 正確に言うと,加減乗除と根号のみを用いた公式は存在しない．

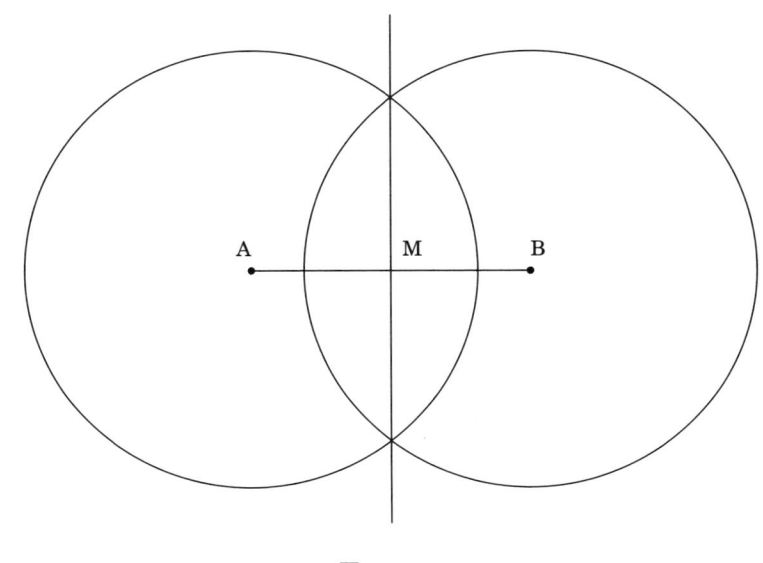

図 4.10

(I) 与えられた 2 点を通る直線をひくことができる．
(II) 1 点を中心として，与えられた長さの半径の円を描くことができる．

この節では実数解をもつ 2 次方程式の解を作図によって求めることを考えよう．

まずは基本的な作図からはじめよう．

例 4.11 与えられた線分 AB の垂直 2 等分線をひく．また線分 AB の中点 M を求める．

作図：

(1) 図 4.10 のように A, B を中心として同じ半径の円 (たとえば線分 AB を半径とする円) を描く．

(2) それらの 2 つの交点を結ぶ直線 l をひく．直線 l と線分 AB の交点を M とする．

このとき直線 l が線分 AB の垂直 2 等分線になり，M が線分 AB の中点になっている．

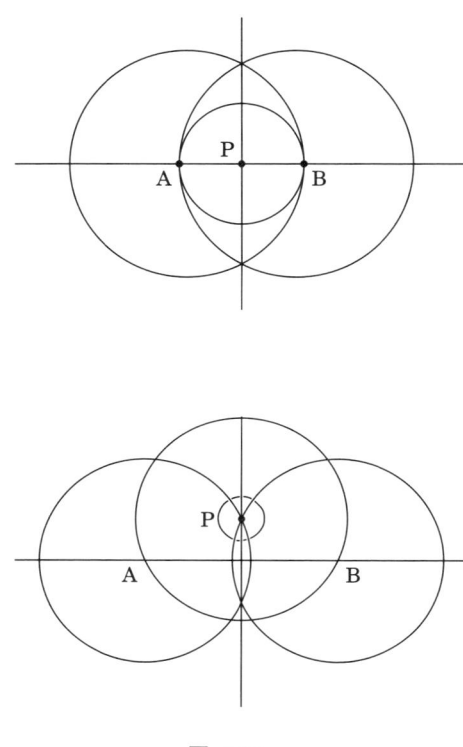

図 4.11

問題 4.25 上で求めた直線 l が線分 AB の垂直 2 等分線になり，M が線分 AB の中点になっていることを示せ．

例 4.12 与えられた直線に，その直線上または直線外の与えられた点 P から垂線をひく．

作図

(1) 図 4.11 のように P を中心として適当な円を描く．
(2) (1) で描いた円と与えられた直線の交点を A, B とする．
(3) P が直線上にあるときは，A, B を中心として線分 AB を半径とする円を描き，P が直線上にないときは A, B を中心として線分 PA ($=$ PB) を半径とする円を描く．

図 4.12

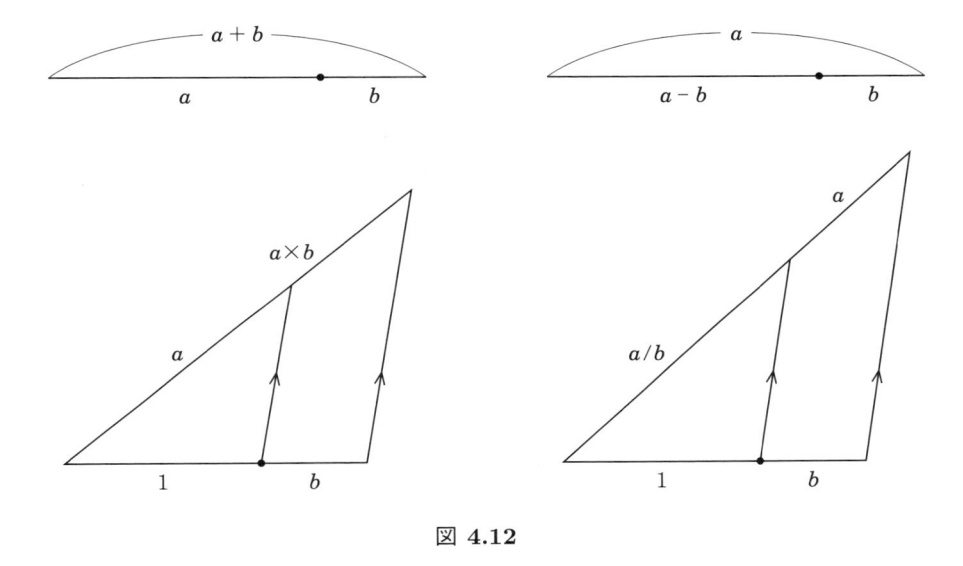

(4) (3) で描いた 2 つの円の 2 つの交点を結ぶ直線 l をひく．
このとき直線 l が求める垂線である．

問題 4.26 上で求めた直線 l が点 P からの垂線になっていることを示せ．

例 4.13 与えられた直線外の与えられた点を通り，はじめの直線に平行な直線をひく．

問題 4.27 上の直線の作図法を述べ，実際にそれが求める直線になっていることを示せ．

次に例 4.11 から例 4.13 までの作図法を用いて，加減乗除を幾何学的に行うことを考えよう．

いま $1, a, b$ という長さが与えられているもとのする．このとき図 4.12 が示すように，$a+b, a-b, a\times b, a/b$ を作図によってもとめることができる．

問題 4.28 図 4.12 を参考に $a+b, a-b, a\times b, a/b$ の作図法 (手順) をきちんと述べ，その正当性を示せ．

図 4.13

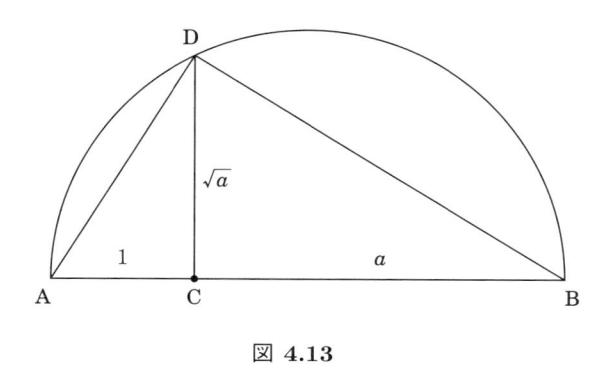

問題 4.29 長さ 1 の線分が与えられたとき，任意の有理数が作図で求められることを示せ．

加減乗除を作図で求められるので，とくに長さが a, b の線分が与えられたとき，一次方程式 $ax - b = 0$ の解となる線分を作図で求められることがわかった．

それでは 2 次方程式 $ax^2 + bx + c = 0$ も定規とコンパスだけを頼りに作図で解くことが可能なのだろうか？ここで 2 次方程式 $ax^2 + bx + c = 0$ の解の公式を思い出してみよう．

2 次方程式 $ax^2 + bx + c = 0$ の解は

$$x = \frac{-b \pm \sqrt{b^2 - 4ac}}{2a}$$

で与えられる．解の形をよく見ると，加減乗除と開平 ($\sqrt{}$) の組み合わせになっている．私たちはすでに加減乗除は作図で求められることを知っているので，あとは開平 ($\sqrt{}$) を作図で求められれば 2 次方程式が作図で求められることになる．

命題 4.14 長さ $1, a$ の線分が与えられたとき，作図によって $\sqrt{a}$ を求めることができる (図 4.13)．

作図：

(1) 長さ $1 + a$ の線分 AB をひく (AC = 1, CB = a)．

(2) AB を直径とする半円を描く.

(3) C から AB に垂線を立て, 半円との交点を D とおく.

このとき線分 CD の長さが $\sqrt{a}$ になっている.

実際, D が直径に対する円周角なので ∠ADB は直角であり ∠A = ∠CDB, ∠B = ∠ADC である. したがって △ACD と △DCB は相似で AC : CD = DC : CB となる. これから線分 CD の長さが $\sqrt{a}$ であることがわかる.

以上のことから次の定理を得る：

定理 4.15　$1, a, b, c\ (b^2 - 4ac \geq 0)$ の長さの線分が与えられたとき 2 次方程式 $ax^2 + bx + c = 0$ の解を作図によって求めることができる.

問題 4.30　上の定理の証明 (作図の手順) を与えよ.

こうして, 実数解をもつ 2 次方程式の解が定規とコンパスだけを使った作図で求められることがわかった.

第 5 章
命題と論理

 大学数学における定義は，そのほとんどが「概念の定義」であり，「命題 $\cdots$ が真であるとき $***$ と定義する」という形の文章によって記述される．したがって，この定義を理解するためには命題 $\cdots$ の主張する内容を正しく理解する必要がある．このことは，解答を数値で求める高校の数学になれた皆さんには，非常に難しく感じられるであろう．

 そこで，本章ではまずタイプ別に命題の否定の言い換えを練習し，命題の主張とその否定が主張する内容を対比することにより，その各々を理解することを目標とする．最後の節では，「実数の集合の有界性」を例として実際に，"定義を理解する" 練習をしてみる．

5.1 定義を理解するということ

 高校ではごく簡単にしか触れられていない，関数の連続性の概念の定義を例に，定義を理解するとはどういうことなのか，ということを考えてみよう．

定義 5.1 (関数の連続性)

命題 ($\star$) 「右極限値 $\lim\limits_{\substack{x \to 0+ \\ x \neq 0}} f(x)$ [1] および左極限値 $\lim\limits_{\substack{x \to 0- \\ x \neq 0}} f(x)$ がともに存在し

---

[1] $\alpha = \lim\limits_{\substack{x \to 0+ \\ x \neq 0}} f(x)$ であるとは，任意の $\varepsilon > 0$ に対してある $\delta > 0$ が存在して，$\delta > x > 0$ ならば $|f(x) - \alpha| < \varepsilon$ がなりたつことである．左極限値についても同様に定義する．しかしここでは，右 (左) 極限値とは "グラフで考えて右 (左) から近付いたときの極限値" という理解でよい．

て，いずれの極限値も $f(0)$ に等しい」が**真である (なりたつ) とき**，関数 $f(x)$ は $x=0$ において連続であるという．

この定義の中に登場する命題 ($\star$) が，関数 $\cos x$ や $\log x$ などの具体的な関数ではなく「抽象的あるいは一般的な関数 $f(x)$」についての記述である点が定義の理解を非常に難しいものにしている．

一方，具体的に関数 $f_0(x)$ が与えられたとき，その連続性を証明することはさほど難しいことではない．実際，それは命題 ($\star$) における $f(x)$ に具体的な関数 $f_0(x)$ を当てはめた命題が真であることを証明することに他ならないからである．

例 5.2 以下で与えられる関数は $x=0$ で連続である．
(1) $f(x) = x^2$,
(2) $f(x) = |x|$,
(3) $f(x) = \begin{cases} 2x & \text{if } x > 0, \\ 3x & \text{if } x \leq 0 \end{cases}$
(4) $f(x) = \begin{cases} x & \text{if } x \geq 0, \\ x \sin 1/x & \text{if } x < 0. \end{cases}$

問題 5.1 命題 ($\star$) が真であることを確認することにより，例 5.2 の関数の $x=0$ における連続性を証明せよ．

これで連続性への理解が多少深まったとは思われるが，このような練習問題をいくら解いたとしても，「連続性」という概念の深い理解までにはもう少しギャップがあるであろう．実際，上の例で与えられた関数はあくまで十分条件を与える例に過ぎないからである．では，必要条件は得られないであろうか？ そのためには，「不連続である関数の例」を挙げることが1つの方法である．つまり，「連続であるならば，$\cdots$ ということは起こり得ない」という例を挙げるのである．

連続性の定義から考えて, $x = 0$ で連続でないとは, 命題 $(\star)$ が偽になることである.

例 5.3 以下で与えられる関数は $x = 0$ で連続でない.

(1) $f(x) = \begin{cases} 1/x & \text{if } x > 0, \\ 1 & \text{if } x \leq 0, \end{cases}$

(2) $f(x) = \begin{cases} x + 1 & \text{if } x > 0, \\ -x^2 + 2 & \text{if } x \leq 0, \end{cases}$

(3) $f(x) = \begin{cases} \sin 1/x & \text{if } x > 0, \\ x & \text{if } x \leq 0, \end{cases}$

(4) $f(x) = \begin{cases} x + 1 & \text{if } x > 0, \\ 0 & \text{if } x = 0, \\ -x^2 + 2 & \text{if } x \leq 0. \end{cases}$

問題 5.2 命題 $(\star)$ が偽であることを確認することにより, 例 5.3 の関数が $x = 0$ で連続でないことを証明せよ.

「命題 $(\star)$ が偽である」とは, 次のように言い換えられる:

命題 $(\star)$ が偽である $\iff$ 次の (a), (b) のどちらかがなりたつ:

(a) 右極限値 $\lim\limits_{\substack{x \to 0+ \\ x \neq 0}} f(x)$, 左極限値 $\lim\limits_{\substack{x \to 0- \\ x \neq 0}} f(x)$ の少なくとも一方が存在しない.

(b) 極限値 $\lim\limits_{\substack{x \to 0+ \\ x \neq 0}} f(x)$, $\lim\limits_{\substack{x \to 0- \\ x \neq 0}} f(x)$ がともに存在して, それらの少なくとも一方が $f(0)$ と異なる値である.

以上により連続性という概念への理解が深まったことであろう. そしてこの例を通じて, 新しい概念を理解する 1 つの有力なヒントとして, 定義の中の**命題の否定**を考えてみる, という方法があることがわかってもらえたと思う.

数学に出てくる定義は，ちょっと考えた程度で完全にわかった，と断定できるほど簡単なものではないので，連続性の定義についても，折に触れ熟考してみることが大切である．

5.2 命題とその否定の言い換え

5.2.1 否定命題の言い換え

「否定命題の言い換え」は，すでに高校数学でも様々な場面で扱われてきた．それを思い出してもらうため，次の2つの例を見てみよう．

例 5.4 問題「さいころを3回振ったとき，少なくとも1回偶数の目が出る場合の数を求めなさい」について考えてみる．皆さんはどのようにしてこの問題の答を求めるだろうか？ 恐らくほとんどの人が，全体の場合の数から，「3回とも奇数が出る場合の数」を引くことによって求めるであろう．その理由は，全体の場合の数は $6 \times 6 \times 6$，「3回とも奇数が出る場合の数」は $3 \times 3 \times 3$ としてそれぞれ容易に求まるからであろう．実は，この解法の中に「否定命題の言い換え」のテクニックが使われているのである．つまり，否定命題「"3回のうち少なくとも1回偶数が出る"というわけではない」が，「3回すべてが奇数が出る」と**言い換えられる**ことを利用しているのである．

例 5.5 定理「実数 $\sqrt{2}$ は無理数である」の証明について考えてみる．これは，背理法によって以下のようにして証明される．
(Step 1) 結論の否定である「"$\sqrt{2}$ は無理数である"というわけではない」が真であるとする．
(Step 2) 実数 $\sqrt{2}$ は有理数か無理数のいずれかであるから，(Step 1) で述べた否定は「$\sqrt{2}$ は有理数である」と言い換えられる．
(Step 3) (Step 2) によって言い換えられた主張により，$\sqrt{2} = m/n$ (既約分数，$m, n \in \mathbb{N}$)，と書くことができる．よって，$2n^2 = m^2$ だから m^2 は偶数であり，したがって m も偶数である．すると $m = 2k$ $(k \in \mathbb{N})$ とかけ，$n^2 = 2k^2$ を得るから n^2 は偶数であり，したがって n も偶数である．こうして，m, n と

もに偶数であることがわかり，m/n が既約分数であるとしたことに矛盾する．

(Step 4)　(Step 3) より，「"$\sqrt{2}$ は無理数である" というわけではない」が，誤りであることがわかったので，さらにその否定である元々の命題「$\sqrt{2}$ は無理数である」が真であることが証明された．

　(Step 1), (Step 2) は証明の実質的な部分である (Step 3) の議論を行うための準備である．まず, (Step 1) では，与えられた命題に "というわけではない" を付加することによって否定命題を作った．次に，この否定命題が正しいと仮定して議論を進めたいのであるが，「"なになに" というわけではない」という，もってまわった言い方は，それを出発点として証明を進めるにはあまりにもつかみ所がない．そこで，「なになにというわけではない」という主張を，「なになにである」という形に**言い換え**ているのが, (Step 2) の内容である．

　上記の例に限らず否定命題を「なになにである」という，その主張する内容が端的にわかる形に言い換えることは，数学においては，しばしば必要となる重要な作業である．この節の以下において，様々な形の命題に対して，否定命題の言い換えを考えてみよう．議論を始めるにあたり，まず「命題」とは何かを明確にしておく必要がある：

　命題とは，数学的もしくは日常のある事実を主張する文章のうち，その主張の真偽のいずれか一方のみが，主観によらず確定するものである．

例 5.6　命題の例
(1)　「A 君はアメリカ国籍である」．
(2)　自然数 n_0 が与えられたとき，「n_0 は偶数である」．
(3)　「関数 $y = x^2$ のグラフと $y = x$ のグラフは 1 点で交わる」．
(4)　$\triangle \mathrm{ABC}$ が与えられたとき，「$\triangle \mathrm{ABC}$ に於いて，AB=AC」．

命題でない例
(1)　「こんにちは」．
(2)　「勉強しなさい」．
(3)　「あなたは誰ですか」．
(4)　「感動した」．

(5)「数学はきらいだ」.

(6)「3 万円は大金である」.

(7)「西郷隆盛は英雄であった」.

注意 5.1 本章を通じ，理解の助けのために日常で使われ得る命題を用いる．しかし，あまりこれに深入りすると，かえって理解の妨げとなることがある．自習の際も，日常の命題をヒントに考える場合はせいぜいここで述べられている程度の例に留めた方がよい．

与えられた命題 P に対して，命題「P というわけではない」を，P の**否定命題**といって，記号 $\overline{P}$ で表す．すなわち，P と $\overline{P}$ の真偽には次の関係がなりたたなければならない：

$$\text{「}P \text{ が真であるとき, } \overline{P} \text{ は偽」,}$$
$$\text{かつ, 「}P \text{ が偽であるとき, } \overline{P} \text{ は真」} \tag{5.1}$$

また，P の否定命題の，さらにその否定命題は P に他ならない．すなわち，$\overline{\overline{P}} = P$．

さて，この節の目的は，$\overline{P}$ をわかりやすい形の命題に**言い換える**ことである．たとえば，実数 x_0 が与えられたとき，命題

$$\text{「}x_0 > 5\text{」}$$

の否定命題は定義より「"$x_0 > 5$" というわけではない」である．では，これが要するに何を主張するのかを考えてみよう．そのためには，考えられるすべての可能性を明確にする必要がある．この場合「$x_0 > 5$」，「$x_0 = 5$」，「$x_0 < 5$」が可能性のすべてである．よって，「$x_0 > 5$」以外のすべての可能性は，「"$x_0 = 5$" および "$x_0 < 5$"」となるから，「$x_0 \leq 5$」と言い換えられる．念のため，(5.1) を確認してみると，「$x_0 > 5$」が真であるならば必ず，「$x_0 \leq 5$」は偽であり，また，「$x_0 > 5$」が偽であるならば必ず，「$x_0 \leq 5$」は真である．この例について，学生からよく聞かれる次の質問に答えておこう．

(質問)「$x_0 = 1$」という命題は，「$x_0 > 5$ ではない」ことを主張しているの

だから，否定命題の言い換えといってよいのではないか？

(回答) (5.1) により，否定命題とその言い換えは，元々の命題の主張がなりたたないすべての可能性を主張するものでなければならない．ところが，「$x_0 = 1$」という主張は，「$x_0 > 5$ でない」ことの，たった 1 つの可能性しか主張していない．実際，たとえば，「$x_0 = 2$」という可能性は「$x_0 > 5$」という可能性にも「$x_0 = 1$」という可能性にも含まれない．よって，「$x_0 = 1$」は「$x_0 > 5$」の否定命題の言い換えとは言えない．

まとめ：否定命題の言い換え方法 　与えられた命題を P, その否定命題を $\overline{P}$ と表す．このとき，

　(Step 1) 　$\overline{P} \iff$ 「P というわけではない」；

　(Step 2) 　考えられるすべての可能性は何か？を正確に捉え，(Step 1) の右辺を，P が主張する以外のすべての可能性を主張するわかりやすい命題に言い換える．

注意 5.2 　(1) 否定命題の言い換えの際，「問題とされている状況での，すべての可能性を正確にとらえる」ことは本質的である．これを誤ると言い換えが間違ったものになってしまう．これについて，わかりやすい例を挙げよう：
A さんと B さんの会話

　A：「私の友達の C さんは男ではない」

　B：「それでは，C さんは女なんですね」

における，B さんの判断は正しい．実際，C さんの性別を問題にしているのだから，可能性は男と女だけである．よって，「男ではない」＝「女である」という言い換えができるからである．一方，

　A：「私の友達の C さんはアメリカ国籍ではない」

　B：「それでは，C さんは日本国籍なんですね」

における，B さんの判断は，必ずしも正しくない．これは B さんが，可能性としてアメリカ国籍と日本国籍の 2 通りの可能性だけだ，と勘違いしたためである．ところが，C さんは，イタリア，フランス，ドイツ，その他，世界中のあらゆ

る国のいずれかの国籍を持ち得るから,「アメリカ国籍ではない」=「日本国籍である」とは,言い換えられないのである.

(2) 否定命題の言い換えは,必ずしも一意に決まるとは限らない.すなわち,与えられた条件や,数学的な事実をどこまで考慮するかによって,言い換えの形が異なってくる.たとえば自然数 x_0 が与えられたとき,命題

$$「x_0 \geq 3」$$

の否定命題は,まず単純に「自然数 x_0 について「$x_0 < 3$」」と言い換えられる.これはさらに,「$x_0 = 1$ か,または,$x_0 = 2$ のいずれかである」と言い換えられる.どちらの言い換えも正解である.

また,実数 x_0 が与えられたとき,命題

$$「x_0^2 > 0」$$

の否定命題は,まず単純に「$x_0^2 \leq 0$ である」と言い換えられる.ところが,数学の事実として $x_0^2 \geq 0$ ということはわかっているから,さらに,「$x_0^2 = 0$ である」と言い換えられる.この場合も,どちらの言い換えも正しい.

このように,否定命題の言い換えは必ずしも一意的ではないが,概念の定義の理解や背理法への応用を念頭におけば,条件や性質をできるだけ加味して言い換えた方が,その後の議論や理解がスムーズになる.

例 5.7 (1) 「平成 14 年 12 月 31 日午前 7 時の,桜上水における気温は,10°C 以下であった」の否定命題の言い換えを考える.可能性としては,10°C 以下か,それより高いかのいずれか一方である.よって,「平成 14 年 12 月 31 日午前 7 時の,桜上水における気温は,10°C より高かった」と言い換えられる.

(2) 平成 14 年現在,日本で使われている硬貨があり,その硬貨の真ん中には,穴があいているとする.このとき,「この硬貨は五円玉である」の否定命題を考える.可能性としては,その硬貨は五円玉か 50 円玉のいずれかしかないから,「この硬貨は 50 円玉である」と言い換えられる.

(3) 「関数 $y = x^2$ のグラフと $y = x$ のグラフは 1 点で交わる」の否定命題の言い換えは,「関数 $y = x^2$ のグラフと $y = x$ のグラフは,交わらないか,2

点以上で交わる」と言い換えられる．これで，言い換えは完成であるといってもよいが，「放物線と直線は高々 2 点で交わる」という数学的な事実を加味すると，さらに，「関数 $y = x^2$ のグラフと $y = x$ のグラフは交わらないか，2 点で交わる」と言い換えることができる．

(4) 与えられた実数 θ_0 に対して「$\sin\theta_0 < 1$」の否定命題は「$\sin\theta_0 \geq 1$」と言い換えられる．ここで，$-1 \leq \sin\theta_0 \leq 1$ であるという事実を加味すれば，さらに，「$\sin\theta_0 = 1$」と言い換えることができる．

問題 5.3 以下の命題の否定命題を作り，それを適当な形の命題に言い換えよ．

(1) 1 台の車があったとする．このとき，「この車は国産車である」．
(2) A 君と B 君が将棋で戦ったとする．このとき，「A 君が勝った」．
(3) A 君と B 君がジャンケンをしたとする．このとき，「A 君が勝った」．
(4) 与えられた自然数 n_0 について，「n_0 は奇数である」．
(5) 男 2 人と女 1 人が，3 人掛けの椅子に座る．このとき，「男同士は隣り合っている」．
(6) 平面内で，完全に一致しない 2 本の直線が与えられたとき，「その 2 直線は平行である」．
(7) 空間内で，完全に一致しない 2 本の直線が与えられたとき，「その 2 直線は平行である」．

さて，以下では上で述べたような命題を組み合わせてできる命題を紹介する．最初に，「かつ」，「または」，「ならば」-タイプの命題を見てみよう．

5.2.2 「かつ (and)」

P, Q を命題とするとき，「P かつ Q」という形の命題を扱う．これは，P と Q の両方ともが同時になりたつことを主張する命題である．早速，このタイプの否定命題の言い換えを，例を挙げて考えてみよう．

例 5.8 (1) 「数学の試験は合格点であり，かつ，英語の試験も合格点であっ

た」の否定命題を言い換えてみる．可能性として，

   (数学：合格 かつ 英語：合格)，(数学：落第 かつ 英語 ：合格)，

   (数学：合格 かつ 英語：落第)，(数学：落第 かつ 英語：落第)

の4通りが考えられる．こうして，最後の3つの場合すべてを1つの文章で主張する，「数学と英語のうちどちらか少なくとも一方の試験で落第点をとった」という形の命題に言い換えられる．

(2) a, b を与えられた実数とする．このとき，「直線 $y = ax + b$ は 点 $(1,2)$ を通り，かつ，点 $(2,5)$ を通る」の否定命題を言い換えてみる．直線に対する可能性は，

   $((1,2)$ 通，かつ $(2,5)$ 通$)$，$((1,2)$ 不通，かつ $(2,5)$ 通$)$，

   $((1,2)$ 通，かつ $(2,5)$ 不通$)$，$((1,2)$ 不通，かつ $(2,5)$ 不通$)$

の4通りである．言い換えは，$(1,2)$ と $(2,5)$ の両方を通る場合以外を，すべて1つの文章で主張しなければならないから，4つのうち，最後の3つを主張するような命題「直線 $y = ax + b$ は 点 $(1,2), (2,5)$ をともに通らないか，いずれか一方のみを通る」に言い換えられる．

(3) 実数 x_0 が与えられたとき，「$x_0 \geq 0$，かつ，$x_0 \leq 5$」の否定命題を言い換えてみよう．可能性を列挙してみると，

$$(0 \leq x_0 \leq 5), \quad (x_0 < 0), \quad (5 < x_0)$$

の3通りが考えられる．最後の2つの可能性を主張しなければならないから，「x_0 は 0 より小さいか，または，5 より大きい」が求める言い換えである．

問題 5.4 以下の命題の否定命題を適当な形の命題に言い換えよ．

(1) 「A 君は無罪であり，かつ，B 君も無罪である」．

(2) 「A 君の身長は 170cm 以上であり，かつ，B 君の身長も 170cm 以上である」．

(3) 木工細工があったとする．このとき，「これを造るには，釘は不要であり，かつ，ボンドも不要であった」．

(4) 与えられた自然数 n_0 について，「n_0 は 2 で割り切れ，かつ，3 で割り切れる」．

(5) 自然数 m_0, n_0 が与えられたとき，「m_0 は偶数であり，かつ，n_0 も偶数である」．

まとめ：「かつ」の否定 P と Q を命題とし，それぞれの否定命題を $\overline{P}$ と $\overline{Q}$ と表す．このとき，

$$\text{「P かつ Q」の否定命題} \iff \text{「$\overline{P}$ または $\overline{Q}$」} \tag{5.2}$$

5.2.3 「または (or)」

P, Q を命題とするとき，「P または Q」という形の命題を扱う．これは，P と Q の少なくとも一方がなりたつことを主張する命題である．「または」という間接詞は，日常ではどちらか一方のみ，という意味で使われることが多い．たとえば，「このランチにはコーヒーまたは紅茶がつく」と言われたら，それは，コーヒーか紅茶のどちらか一方のみがつきます，という意味であろう．ところが，数学では，**少なくとも一方**を意味する．とくに両方なりたつことが含まれることに注意する．たとえば，整数 n_0 が与えられたとき，「n_0 は 2 で割り切れるか，または，3 で割り切れる」と言ったら，

n_0 が 2 で割り切れて 3 で割り切れない，

n_0 が 2 で割り切れないで 3 で割り切れる，

n_0 が 2 でも 3 でも割り切れる

の 3 つの場合すべてを主張に含めている．この混乱を招く可能性があるときには，あえて「$\cdots$ または $\cdots$ の少なくとも一方がなりたつ」，という表現を使った方がよいかもしれない．

では，「または」-タイプの命題の否定命題の言い換えの例をみてみよう．

例 5.9 (1) 整数 n_0 が与えられたとき，「n_0 は 2 で割り切れるか，または

3 で割り切れる」の否定命題は，上の説明から，「n_0 は 2 でも 3 でも割り切れない」と言い換えられる．

(2) a, b, c を与えられた実数とする．このとき，命題「放物線 $y = ax^2 + bx + c$ は 点 $(1,1)$ または $(2,3)$ の少なくとも一方を通る」の否定命題の言い換えを考える．この命題は，与えられた放物線が

$$((1,1) \text{ 通, かつ } (2,3) \text{ 不通}),$$
$$((1,1) \text{ 不通, かつ } (2,3) \text{ 通}),$$
$$((1,1) \text{ 通, かつ } (2,3) \text{ 通})$$

の 3 通りの可能性を主張している．したがって，否定命題は「放物線 $y = ax^2 + bx + c$ は 点 $(1,1), (2,3)$ のどちらも通らない」と言い換えられる．

(3) 2 次元平面の点 (x_0, y_0) について，「$x_0 = 0$ または $y_0 = 0$ の少なくとも一方がなりたつ」の否定命題は「x_0, y_0 はともに 0 ではない」と言い換えられる．

(4) 2 次元平面の点 (x_0, y_0) について，「"$x_0 = 0$ または $x_0 = 2$"，かつ，"$y_0 = 4$ または $y_0 = 6$"」の否定命題の言い換えを考える．まず，命題 P, Q を P：「$x_0 = 0$ または $x_0 = 2$」，Q：「$y_0 = 4$ または $y_0 = 6$」と定める．このとき，与えられた命題は「P かつ Q」となるから，(5.2) より否定命題は，「$\overline{P}$ または $\overline{Q}$」となる．さて，$\overline{P}$，すなわち，「$x_0 = 0$ または $x_0 = 2$」の否定命題は「$x_0 = 0$ でも $x_0 = 2$ でもない」，$\overline{Q}$，すなわち，「$y_0 = 4$ または $y_0 = 6$」の否定命題は「$y_0 = 4$ でも $y_0 = 6$ でもない」とそれぞれ言い換えられるから，求める言い換えは「"$x_0 = 0$ でも $x_0 = 2$ でもない" または "$y_0 = 4$ でも $y_0 = 6$ でもない"」．さらに，わかりやすく「点 (x_0, y_0) は 4 点 $(0,4), (0,6), (2,4), (2,6)$ 以外の点である」と言い換えられる．

問題 5.5 以下の命題の否定命題を適当な形の命題に言い換えよ．

(1) 実数 x_0 が与えられたとき，「$0 < x_0 < 2$ または $1 < x_0 < 3$」．
(2) 2 次正方行列 A, B について，「$A = O$ または $B = O$」．ただし，O は零行列である．

(3) 「直線 $y = ax + b$ は 直線 $y = 2x - 5$ と交わるか，または直線 $y = -3x + 1$ と交わる」．

(4) 2次元平面の点 (x_0, y_0) について，「(x_0, y_0) は点 $(0, 0)$ との距離が 1 以下であるか，または，点 $(1, 0)$ との距離が 1 以下である」．

(5) 2次元平面の点 (x_0, y_0) について，「(x_0, y_0) は原点中心の単位円の内部にあるか，または，その円周上にある」．

まとめ：「または」の否定　P と Q を命題とし，それぞれの否定命題を $\overline{P}$ と $\overline{Q}$ と表す．このとき，

$$\text{「} P \text{ または } Q \text{」の否定命題} \iff \text{「} \overline{P} \text{ かつ } \overline{Q} \text{」} \tag{5.3}$$

5.2.4 「ならば (if ..., then ... .)」

P, Q を命題とするとき，「P ならば Q」という形の命題を扱う．記号 $\Longrightarrow$ を用いて「$P \Longrightarrow Q$」と書かれることも多い．この命題が真であることは，P, Q の真偽を基にして，次のように定義される．

$$\text{「} P \Longrightarrow Q \text{」が真} \iff \begin{cases} [P \text{ が真, かつ}, Q \text{ が真}] \\ [P \text{ が偽, かつ}, Q \text{ が真}] \\ [P \text{ が偽, かつ}, Q \text{ が偽}] \end{cases} \text{のいずれかの場合.}$$

したがって，「$P \Longrightarrow Q$」が偽であるのは，必然的に，

$$\text{「} P \Longrightarrow Q \text{」が偽} \iff [P \text{ が真, かつ}, Q \text{ が偽}]$$

となる．「$P \Longrightarrow Q$」が真であることの定義は，納得できない人も多いであろう．そこで，この定義の正当性を直観的に納得するため次のような，具体的命題を考えてみよう．先生が学生 A 君に対して「A 君が試験に合格する，ならば，A 君は単位を取得する」と言ったとする．やがて試験の合否が決まり，単位認定が終了した時点で，結果を聞いた A 君が納得できれば真，そうでなければ偽と考えると，先生の言った命題の真偽は，以下のようになる．

(1) 「試験に合格して単位を取得した」場合. 約束通りだから, A 君は納得できる. よって, この場合は真である.

(2) 「試験に合格したのにもかかわらず単位を取得できなかった」場合. これは約束違反であるから, A 君は納得できない. よって, この場合は偽である.

(3) 「試験に合格できなかったにも関わらず A 君は単位を取得した」場合. 少なくとも A 君は文句を言うことはないであろう. よって, この場合は真である.

(4) 「試験に合格できず, 単位が取得できなかった」場合. 試験に合格できなかったのだから, A 君は納得せざるをえない. よって, この場合は真である.

さて, この例を用いて, 「ならば」を含む命題の否定命題が, どうなるかを考えてみよう. 「A 君が試験に合格する, ならば, A 君は単位を取得する」の否定命題は, 上の (2) の場合だけを真とするような主張になるはずである. よって, 否定命題は「A 君が試験に合格したにもかかわらず単位を取得できなかった」と言い換えられる.

例 5.10 (1) 「A 君が車の免許を持っている, ならば, A 君は運転できる」の否定命題は「A 君は車の免許を持っているにもかかわらず運転できない」と言い換えられる.

(2) 自然数 n_0 が与えられたとき,「n_0 が偶数である $\Longrightarrow n_0^2$ は偶数である」の否定命題は「n_0 が偶数であるにもかかわらず n_0^2 は奇数である」と言い換えられる.

(3) 平行四辺形 ABCD がある. このとき, 命題「1 つの角が直角ならば正方形である」の否定命題は「1 つの角が直角であるにもかかわらず正方形ではない」と言い換えられる.

(4) 平行四辺形 ABCD がある. このとき, 命題「4 辺の長さが等しいならばひし形または正方形である」の否定命題を考える. この命題は,「ならば」と,「または」が組み合わされて作られている. このような場合は, いっぺんに言い換えずに, 以下のように, ステップを追って言い換えていく.

(Step 1)　まず命題 P, Q を P：「4 辺の長さが等しい」；Q：「ひし形か正方形のいずれかである」と定める．このとき，与えられた命題は「P ならば Q」となる．

(Step 2)　「P ならば Q」の否定命題は，「P であるにもかかわらず $\overline{Q}$」と言い換えられる．

(Step 3)　$\overline{Q}$ は「ひし形でも正方形でもない」と言い換えられる．

(Step 4)　$\overline{Q}$ の言い換えである「ひし形でも正方形でもない」を (Step 2) に戻して，最終的に言い換え「4 辺の長さが等しいにもかかわらず，ひし形でも正方形でもない」を得る．

問題 5.6　以下の命題の否定命題を適当な形の命題に言い換えよ．

(1)「A 君が日本の国籍をもつならば A 君は日本語をしゃべることができる」．

(2) 関数 $f(x)$ が与えられたとする．このとき，「$f(x)$ が $x = 0$ で微分可能 $\implies x = 0$ で連続」．

(3) 自然数 m_0 と n_0 が与えられたとする．このとき，「自然数 m_0 と n_0 がともに奇数 $\implies m_0 n_0$ は奇数」．

(4) 2 等辺 3 角形 ABC が与えられたとする．このとき，「△ABC の底角が $60°\implies$ △ABC は正 3 角形」．

(5) 自然数 m_0 と n_0 が与えられたとき，「$m_0 n_0 = 0 \implies$ "$m_0 = 0$, かつ, $n_0 = 0$"」．

まとめ：「ならば」の否定　P, Q を命題とし，それぞれの否定命題を $\overline{P}, \overline{Q}$ と表すとき，

$$「P \implies Q」\text{の否定命題} \iff 「P \text{であるにもかかわらず} \overline{Q}」$$
$$\iff 「P \text{かつ} \overline{Q}」 \tag{5.4}$$

5.2.5 「任意の (for all)」と「少なくとも 1 つ (there exists)」

最後に「任意の」,「少なくとも 1 つ」-タイプの命題を考えてみよう. これらは, 高校数学ではあまり扱われない反面, これから学んでいく数学では非常に重要なタイプの命題である. これらのタイプの命題は, 下で説明する「命題関数」を用いて表現される, という点において, これまでの命題とは別の型の命題である, と考えた方がよい. 命題関数の説明から始めよう.

これまで扱ってきた命題の中に, x_0 を与えられた実数とするとき, 命題 "x_0 は有理数である" を考える, という場面があった. この命題は実際の数学における議論では, たとえば, 方程式 $\sin x = 1/3\ (x \in (0, \pi/2))$ がある. この方程式の解を x_0 とおく. このとき, 命題「x_0 は有理数である」の真偽を考えよう, というような議論の中で用いられる.

ところで,「x_0 は有理数である」は x_0 が与えられたからこそ, 1 つの命題になったのである. x_0 を別の実数として与えれば, また異なる命題になる. そこで, 実数を変数だと思えば, この変数に対応して命題が 1 つ決定される, いわゆる, 関数とみなすことができる.

$$P : x \in \mathbb{R} \longmapsto P(x) = \text{"x は有理数である"}.$$

このような P のことを**命題関数**とよぶ.「任意の」または「少なくとも 1 つは存在する」というタイプの命題は, この命題関数を用いて表記されることに注意する.

例 5.11 以下は, 命題関数の例である.

(1) U を 50 人のクラス全員の集合とするとき,

$$\text{A} \in U \longmapsto \text{命題 } P(\text{A}) = \text{"A 君は自動車の免許を持っている"}.$$

(2) U を 2 次元平面内の 3 角形全体の集合とするとき,

$$\triangle \text{ABC} \in U \longmapsto \text{命題 } P(\triangle \text{ABC}) = \text{"$\triangle$ABC は正 3 角形である"}.$$

(3) U を 2 次元平面内の点全体の集合とするとき,

$$(a, b) \in U \longmapsto \text{命題 } P((a, b)) = \text{"$a > b$"}.$$

(4) U を $\mathbb{R}$ 上で定義される関数全体の集合とするとき，

$$f \in U \longmapsto \text{ 命題 } P(f) = \text{``}f \text{ は偶関数である''}.$$

5.2.5.1 「任意」1：単純形

次の例からはじめよう．有限個の対象についての命題「A, B, C, D 4 人の学生全員帽子をかぶっている」の否定命題の言い換えを考えよう．まず，考えられる可能性すべてを列挙してみる．たとえば，A が帽子をかぶっている状態を $\hat{A}$, 脱いでいる状態を単に A と表記すると約束すると，

$$(A,B,C,D), (\hat{A},B,C,D), (A,\hat{B},C,D), (A,B,\hat{C},D),$$
$$(A,B,C,\hat{D}), (\hat{A},\hat{B},C,D), (\hat{A},B,\hat{C},D), (\hat{A},B,C,\hat{D}),$$
$$(A,\hat{B},\hat{C},D), (A,\hat{B},C,\hat{D}), (A,B,\hat{C},\hat{D}), (\hat{A},\hat{B},\hat{C},D),$$
$$(\hat{A},\hat{B},C,\hat{D}), (\hat{A},B,\hat{C},\hat{D}), (A,\hat{B},\hat{C},\hat{D}), (\hat{A},\hat{B},\hat{C},\hat{D})$$

という可能性がある．命題「4 人とも帽子をかぶっている」は，$(\hat{A},\hat{B},\hat{C},\hat{D})$ という状態を意味するから，言い換えは

$$(A,B,C,D), (\hat{A},B,C,D), (A,\hat{B},C,D), (A,B,\hat{C},D),$$
$$(A,B,C,\hat{D}), (\hat{A},\hat{B},C,D), (\hat{A},B,\hat{C},D), (\hat{A},B,C,\hat{D}),$$
$$(A,\hat{B},\hat{C},D), (A,\hat{B},C,\hat{D}), (A,B,\hat{C},\hat{D}), (\hat{A},\hat{B},\hat{C},D),$$
$$(\hat{A},\hat{B},C,\hat{D}), (\hat{A},B,\hat{C},\hat{D}), (A,\hat{B},\hat{C},\hat{D})$$

という状態のすべてを一文で主張する命題でなければならない．よって，求める言い換えは「A, B, C, D のうち少なくとも 1 人は帽子を脱いでいる」となる．

注意 5.3 (1) 例 5.3 で述べた「さいころ」の例と同じ議論をしていることに注意する．

(2) あわてて「4 人全員が帽子をかぶっているというわけではない」が否定命題だから，「4 人全員が帽子を脱いでいる」などと間違った言い換えをしないように十分注意されたい．実際，この帽子の例のような，有限個の対象を扱い，しかも，その命題自体が意味する内容がわかりやすい場合は間違えないが，

数学の命題になると，途端にミスをしてしまう学生が多い．それは，恐らく命題自体が意味する内容をまったく理解せずに，ただ形式的に否定命題の言い換えを行なうことによって起こるものと思われる．**自習の際には必ず，命題そのものの意味を考えながら，否定命題の言い換えを行なってほしい．**

上の例ではたった 4 つの対象を扱っていたが，無限個の対象でも同様である．たとえば，命題「任意の自然数は偶数である」の否定命題は，「自然数の中には少なくとも 1 つ奇数がある」と言い換えられる．

以下，いくつかの例を挙げる．

例 5.12 (1)「クラスの全員が男子である」の否定命題は「クラスの中に少なくとも 1 人女子学生がいる」と言い換えられる．

(2)「任意の四角形は平行四辺形である」の否定命題は「平行四辺形でないような四角形が少なくとも 1 つ存在する」と言い換えられる．

(3) 数列 $\{x_j\}_{j=1}^{\infty}$ が与えられたとする．このとき，「任意の自然数 j に対して $x_{j+1} - x_j = 2$」の否定命題は，「$x_{j+1} - x_j \neq 2$ をみたす自然数 j が少なくとも 1 つ存在する」と言い換えられる．

(4) 関数 $f(x)$ $(0 < x < 1)$ が与えられたとき，「任意の $x \in (0,1)$ について $f(x) < 1$」の否定命題は，「$f(x) \geq 1$ をみたす $x \in (0,1)$ が少なくとも 1 つ存在する」と言い換えられる．

問題 5.7 以下の命題の否定命題を作り，それを適当な形の命題に言い換えよ．

(1)「クラスの全員が期末試験で 80 点未満の点数であった」．
(2)「任意の台形は平行四辺形である」．
(3) A が $\mathbb{R}$ の部分集合として与えられているとき「任意の $x \in A$ に対して $x \leq 1$」．
(4) 空でない集合 A, B があるとき，「$A \subset B$」すなわち，「任意の $x \in A$ に対して $x \in B$」．

> **まとめ：単純形「任意」の否定** U を集合とし，$P(x)$ を U 上で定義された命題関数とする．そして，各 $x \in U$ に対して定まる命題 $P(x)$ の否定命題を $\overline{P(x)}$ と表すとき，
>
> 　「任意の $x \in U$ に対して $P(x)$」の否定命題
> 　　$\iff$「$\overline{P(x_0)}$ をみたす $x_0 \in U$ が少なくとも 1 つ存在する」　　(5.5)

5.2.5.2 　「任意」2：付帯条件つき形

たとえば，$(\star)$：「$x < 1$ をみたす任意の実数に対して，$x^2 < 1$ がなりたつ」というように，「任意」に対して，付帯条件によってある制限をつけるタイプの命題を考える．この否定命題の言い換えは，大変間違いやすいので注意が必要である．言い換えをスムーズに行うため，命題そのものを言い換えてみよう．すなわち，

　　$(\star)$：「$x < 1$ をみたす任意の実数に対して，$x^2 < 1$ がなりたつ」

　　$\iff (\star')$：「任意の $x \in \mathbb{R}$ に対して "$x < 1 \implies x^2 < 1$"」

命題 $(\star')$ では，任意の実数 $x \in \mathbb{R}$ について考えるのであるが，$x \geq 1$ であるときは，$x < 1$ が偽になるから，「ならば」の項で述べたとおり，命題 "$x < 1 \implies x^2 < 1$" は真となる．したがって，$x \geq 1$ の場合は，全体の真偽に影響を与えないから，この言い換えが正しいことがわかる．

問題 5.8 命題 $(\star)$ の真偽と命題 $(\star')$ の真偽が一致することを正確に証明せよ．

さて，このように言い換えれば，その否定命題は，「その 1」で述べたことから，直ちに

　「"$x < 1$ であるにもかかわらず $x^2 \geq 1$" となるような $x \in \mathbb{R}$ が少なくとも 1 つ存在する」

すなわち，

　「"$x < 1$ かつ $x^2 \geq 1$" であるような $x \in \mathbb{R}$ が少なくとも 1 つ存在する」

となることが理解できるであろう．

注意 5.4 (1) "否定"というと，命題の中に出てくる言葉を片っ端から否定することによって否定の言い換えを行なう学生がたまにいるが，これは一般には間違いであるので注意する．たとえば，($\star$) の否定命題を「$x \geq 1$ をみたす実数のうちで $x^2 \geq 1$ をみたすものが少なくとも 1 つ存在する」と言い換えてしまうのであるが，これは**間違いである**ので注意を要する．このような失敗は日常の命題で言えば，「このクラスの全員が帽子をかぶっている」ことの否定命題を「他のクラスの少なくとも 1 人が帽子を脱いでいる」と言い換えていることと同じである．いくら否定といっても，他のクラスの生徒が帽子をかぶっていようがいまいが，それは関係ないのである．

(2) もともと記号 x が実数を表す，ということがわかっている場合，もしくは，前後の文脈から判断できる場合には，命題 ($\star'$) は，「任意の」を省略して単に「"$x < 1 \Longrightarrow x^2 < 1$"」とのみ記される場合が多い．しかし，厳密にはこれは x に具体的な数を入れて初めて命題として意味をもつ，命題関数であることに注意する．したがって，否定命題の言い換えを単に "$x < 1$ であるにも関わらず $x^2 \geq 1$" もしくは，"$x < 1$ かつ $x^2 \geq 1$" と書いても意味が通じない．つまり，「任意の」は場合によっては省略してもよいが，「少なくとも 1 つ存在する」は決して省略してはならないので注意を要する．

問題 5.9 以下の命題の否定命題を作り，それを適当な形の命題に言い換えよ．

(1) 関数 $f(x)$ が与えられたとする．このとき，「$0 \leq x \leq 1$ をみたす任意の x について $f(x) < 2$ または $f(x) > 4$」．
(2) 数列 $\{x_j\}_{j=1}^{\infty}$ が与えられたとき，「$j > 100$ をみたす任意の自然数 j に対して $x_j \geq 0$」．
(3) 「平行四辺形 $\Longrightarrow$ 台形」．
(4) 「$x < 3 \Longrightarrow |x-1| < 2$」．
(5) 「n が奇数 $\Longrightarrow 2n$ は偶数」．

> **まとめ：付帯条件つき形「任意」の否定** U を集合とし，$P(x), Q(x)$ を U 上で定義された命題関数とする．そして，各 $x \in U$ に対して定まる命題 $P(x), Q(x)$ の否定命題をそれぞれ $\overline{P(x)}, \overline{Q(x)}$ と表すとき，
>
> $\quad$「$P(x)$ をみたす任意の $x \in U$ に対して $Q(x)$」
> $\quad \Longleftrightarrow$「任意の $x \in U$ に対して "$P(x) \Longrightarrow Q(x)$"」
> $\quad (\Longleftrightarrow$「$P(x) \Longrightarrow Q(x)$」：(省略形)) $\quad$ (5.6)
>
> であり，
>
> $\quad$「$P(x)$ をみたす任意の $x \in U$ に対して $Q(x)$」の否定命題
> $\quad \Longleftrightarrow$「$P(x)$ かつ $\overline{Q(x)}$ を同時にみたす $x \in U$ が
> $\quad \quad$ 少なくとも 1 つ存在する」

5.2.5.3 「少なくとも 1 つ存在する (there exists)」

「このクラスには，少なくとも 1 人の女子学生が存在する」というような使い方をする．この命題は文字通り，少なくとも 1 人，多ければ全員が，女子学生であることを主張している．ここで，「少なくとも 1 人」は省略しても同じ意味である：

$\quad$「このクラスには女子学生が存在する」

数学の命題の例を挙げれば，「$\sqrt{2}$ と 1.5 の間には少なくとも 1 つの実数が存在する」という命題を，

$\quad$「$\sqrt{2}$ と 1.5 の間には実数が存在する」

$\quad$「$\sqrt{2} < x < 1.5$ をみたす実数 x が存在する」

と表現しても同じことである．

それでは，このタイプの命題の否定がどのように言い換えられるのか，例を挙げて考えてみよう．

例 5.13 (1)「クラスの中に少なくとも 1 人卒業できない学生がいる」の否定命題は，「クラスの全員が卒業できる」と言い換えられる．

(2)「4 科目のうち少なくとも 1 科目は平均点を超える」の否定命題は,「4 科目とも平均点以下である」と言い換えられる.

(3) 2 次正方行列 A が与えられたとき,「$A^n = O$ をみたす自然数 n が存在する」の否定命題は,「任意の自然数 n に対して $A^n \neq O$ である」と言い換えられる. ここで, O は零行列を意味する.

(4) $f(x)$ を $(0,1)$ 区間で定義される関数とする. このとき,「$\int_0^1 f(t)\,dt > 0$ ならば, $f(x_0) > 0$ をみたす $x_0 \in (0,1)$ が存在する」という命題を考える. この命題の否定命題の言い換えを作ろう. これは,「ならば」と「存在する」が組合わさった命題だから, 以下のように, 段階にわけて言い換えていく:

(Step 1) まず命題 P, Q を, P :「$\int_0^1 f(t)\,dt > 0$」, Q :「$f(x_0) > 0$ をみたす実数 $x_0 \in (0,1)$ が存在する」と定める. このとき, 与えられた命題は「P ならば Q」となる.

(Step 2) (5.4) より,「P ならば Q」の否定命題は,「P であるにもかかわらず $\overline{Q}$」と言い換えられる.

(Step 3) $\overline{Q}$ を言い換えると,「任意の実数 $x \in (0,1)$ について $f(x) \leq 0$」となる.

(Step 4) (Step 3) の結果を (Step 2) に戻して, 結局, 次の言い換えを得る:
「$\int_0^1 f(t)\,dt > 0$ であるにもかかわらず, 任意の実数 $x \in (0,1)$ について $f(x) \leq 0$」.

問題 5.10 以下の命題の否定命題を作り, それを適当な形の命題に言い換えよ.

(1)「クラスの少なくとも 1 人は携帯電話を所持している」.

(2) 40 名のクラスが 5 クラスある. このとき,「5 クラスすべてのクラスに少なくとも 1 人の女子学生がいる」.

(3) 40 名のクラスが 5 クラスある. このとき,「5 クラス中少なくとも 1 クラスには 10 人以上の女子学生がいる」.

(4) 2 次方程式 $ax^2 + bx + c = 0$ が与えられ, 2 つの実数解を持つことがわ

かっているとする．このとき，「2つの実数解のうち少なくとも1つは正である」．

(5) r_0, r_1 を $r_0 < r_1$ なる有理数とする．このとき，「$r_0 < r < r_1$ をみたす有理数 r が存在する」．

まとめ:「少なくとも1つ」の否定 $P(x)$ を U 上の命題関数とするとき，

$$\text{「}P(x_0) \text{ をみたす } x_0 \in U \text{ が存在する」の否定命題}$$
$$\Longleftrightarrow \text{「任意の } x \in U \text{ に対して } \overline{P(x)} \text{ がなりたつ」} \tag{5.7}$$

ただし，$\overline{P(x)}$ は $P(x)$ の否定命題を意味する．

5.3　記号による略記について

最後に述べた，「任意」と「存在する」を含む命題については，簡明のため，それぞれ数学記号 "$\forall$", "$\exists \cdots$ s.t. $\cdots$" を用いる習慣がある．$P(x)$ を U 上の命題関数とするとき，

"$\forall x \in U, \ P(x)$"

$\Longleftrightarrow$ "$P(x)$ holds for all $x \in U$"

「任意の $x \in U$ に対して $P(x)$ がなりたつ」，

"$\exists x \in U$ s.t. $P(x)$"

$\Longleftrightarrow$ "There exists $x \in U$ such that $P(x)$ holds"

「$P(x)$ をみたす $x \in U$ が少なくとも1つ存在する」．

また，付帯条件つき形「任意」-タイプの命題は，記号的に次のように書く：集合 U の各要素 $x \in U$ に対して命題 $P(x), Q(x)$ が決まるとするとき，

"$\forall x \in U$ with $P(x), \ Q(x)$"

$\Longleftrightarrow$ "$Q(x)$ holds for all $x \in U$ with the property $P(x)$"

「$P(x)$ をみたす U の任意の要素 x に対して $Q(x)$ がなりたつ」

付帯条件つき形「任意」-タイプ命題の項で述べたとおり，これは，

$$\forall x \in U, [P(x) \implies Q(x)]$$

と同値であり，さらに "$x \in U$" を明記する必要がない場合，上の命題は単に「$P(x) \implies Q(x)$」とも略記される．

また，まとめ (5.5), (5.6), (5.7) は記号「$\forall$」，「$\exists$ s.t.」を用いると次のように書くことができる．

$$\text{``}\forall x \in U, P(x)\text{''} \text{ の否定命題} \iff \text{``}\exists x \in U \text{s.t. } \overline{P(x)}\text{''}, \tag{5.5$'$}$$

$$\text{``}\forall x \in U \text{ with } P(x), Q(x)\text{''} \text{ の否定命題}$$
$$\iff \text{``}\exists x \in U \text{ s.t. } P(x) \text{ and } \overline{Q(x)}\text{''}, \tag{5.6$'$}$$

$$\text{``}\exists x \in U \text{ s.t. } P(x)\text{''} \text{ の否定命題} \iff \text{``}\forall x \in U, \overline{P(x)}\text{''}. \tag{5.7$'$}$$

注意 5.5 このようにまとめを書くと，「否定命題を言い換えるには単純に，$\forall$ を $\exists$ に，$\exists$ を $\forall$ にそれぞれ置き換えればよい」と短絡的に理解する学生がいるが，命題の意味を考えずに形式的にこの作業をすると，意味が不明な言い換えになってしまうことがある．くどいようであるが，**必ず命題の意味を考えながら否定命題の言い換えを行なってほしい**．

例 5.14 (1) A を実数の集合とする．このとき，「任意の $x \in A$ に対して，$x \leq 3$」は，記号を用いると，"$\forall x \in A, x \leq 3$" と書ける．また，否定命題は "$\exists x \in A$ s.t. $x > 3$" と書ける．

(2) $f(x)$ を実数全体で定義される関数とする．このとき，「少なくとも 1 つの実数 x に対して，$f(x) < 0$」は記号を用いると，"$\exists x \in \mathbb{R}$ s.t. $f(x) < 0$" と書ける．否定命題は，"$\forall x \in \mathbb{R}, f(x) \geq 0$" と書ける．

(3) $f(x)$ を実数全体で定義される関数とする．このとき，「$x > 0$ をみたす任意の実数 x に対して $f(x) \geq 0$」は，記号を用いて書き直すと，"$\forall x \in \mathbb{R}$ with $x > 0, f(x) \geq 0$" と書ける．否定命題は，"$\exists x \in \mathbb{R}$ s.t. $x > 0$ and $f(x) < 0$" と書ける．

問題 5.11　「任意 (for all)」及び「少なくとも 1 つ存在する (there exists)」の節における例及び問題で述べた命題 (数学の命題に限る) を「$\forall$」,「$\exists$ s.t.」を用いて書き直し, 否定命題をやはり「$\forall$」,「$\exists$ s.t.」を用いて書き直してみよ.

5.4　実数の集合の有界性の定義

命題の否定命題の言い換えの応用として,「実数の集合の有界性」を例にとり, 具体的な集合に対して, その命題の真偽を証明してみよう. まず有界性の定義から始めよう.

定義 5.15 (上に有界)　A を空でない実数の部分集合とする. このとき,

$$\text{命題「}\exists M \in \mathbb{R} \text{ s.t. ``}\forall x \in A, x \leq M\text{''}\text{」}$$

が真であるとき, 集合 A は**上に有界**であるという.

上の定義における命題の部分を日本語の文章に訳すと

「任意の $x \in A$ に対して $x \leq M$ がなりたつような実数 M が存在する」

となる. では, この命題が真であることは, 直観的にはどういうことだろうか？A が具体的に与えられたならば, 上記の命題が真であるとは直観的に,

(1) 数直線上に A の要素を全てプロットする.
(2) 次に, 数直線上に実数 M をうまく選び, (1) でプロットした A の任意の要素よりも数直線上で右側に M の点がくるようにすることができる.

ということである.

では, 上に有界な集合の例を与え, それが実際に上に有界であることを証明してみよう.

例 5.16　$A = \{-5, -3, 0, 3, 5\}$ は上に有界な集合である.

証明　証明すべきことは, $A = \{-5, -3, 0, 3, 5\}$ とするときに定まる命題

$$\text{「}\exists M \in \mathbb{R} \text{ s.t. } \forall x \in A, x \leq M\text{」}$$

が真であることである．実際，$M = 10$ とおくとき，命題

$$\ulcorner \forall x \in A, x \leq 10 \lrcorner$$

が真であることが証明すればよいが，これは $-5 \leq 10, -3 \leq 10, 0 \leq 10, 3 \leq 10, 5 \leq 10$ よりなりたつ．∎

注意 5.6 (1)「何故，唐突に $M = 10$ という値が出てきたか？」という質問をしばしば受ける．これは，実は $M \in \mathbb{R}$ の命題関数 $P(M)$：「$\forall x \in A, x \leq M$」が真となるように，直観的に M を 1 つ見つけているのである．すなわち，集合 A の要素を数直線上にプロットしてみれば直観的にわかるように，たとえば，$M = 10$ としておけば良さそうである $\cdots$ という具合に直観的に 1 つ探すのである．

ところで，このような M は 1 つに決まらない．もう少し厳密に言えば，5 以上の任意の実数でかまわない．しかし，ここで，M を 5 以上の任意の実数とするとして証明を続けることは，かえって証明を不明瞭なものにしてしまう．高校数学で反例を見つけよ，という場合に具体的に 1 つ反例を見つけていたのと同じで，このような場合は，いくつ正解があるとしても，そのうちの 1 つを明記したほうが説得力ある証明になる．高校数学では，解答は必ずただ 1 つに決まり，正誤も決まったが，「存在する」ことの証明では，多くの場合この例のように，解答は無限通りある．

(2) この問題を試験に出すと，

$$\ulcorner \exists M \in \mathbb{R} \text{ s.t. } \forall x \in A, x \leq M \text{ がなりたつから} \lrcorner.$$

とだけ書かれた答案をしばしば目にする．しかし，これでは，これから証明すべきことを書き下しただけであって，証明の肝心な部分が抜けていることになる．実際，これでは集合 A が $A = \{-5, -3, 0, 3, 5\}$ によって与えられている，というこの問題の特殊性が証明の中では何も使われていないことになってしまうのである．

また，命題「$\forall x \in A, x \leq 10$」がなりたつことは，この程度の問題であれば当たり前と思われるかもしれないが，「明らか」や「自明」の一言で終わらせ

ることは避けるべきである．もし「明らか」だと思ったのならば，何故「明らかなのか」を明確に書き下すことも，初学年の学生にとっては重要なことである．一般に「自明」の一言で済ませている言葉の中に，数学の本質が隠されていることが多い．

例 5.17　$A = \{1, 1-1/2, 1-1/3, \cdots\}$ は上に有界な集合である．

証明　証明すべきことは，$A = \{1, 1-1/2, 1-1/3, \cdots\}$ とするときに定まる命題

「$\exists M \in \mathbb{R}$ s.t. $\forall x \in A, x \leq M$」

が真であることである．たとえば，$M = 1$ として s.t. 以下の命題を証明してみよう．任意の $x \in A$ を選ぶと A の定義より，ある自然数 m が定まって $x = 1 - 1/m$ と書ける．したがって，証明すべき式は，

$$1 - \frac{1}{m} \leq 1$$

と書き直せるが，これは $m > 0$ であることから確かになりたつ．∎

注意 5.7　例 5.17 のように，1 つ 1 つの要素について，

$$1 - \frac{1}{2} \leq 1, \quad 1 - \frac{1}{3} \leq 1, \quad 1 - \frac{1}{4} \leq 1, \cdots$$

と列挙することで証明としたいところであるが，このことを実現するには，無限の時間を必要とする．つまり，いつまでたっても証明が終わらないことになる．そこで，上の証明のように**文字を使って証明する**ことが必要となる．

また，「$1 - 1/2 \leq 1, 1 - 1/3 \leq 1, 1 - 1/4 \leq 1$ というようにして以下同様にして，任意の要素 $x \in A$ に対して $x < M$ が証明される」という解答をしばしば目にするが，どのように同様なのか，判然としない．この方針で証明するのであれば，やはり文字を使って $1 - 1/m \leq 1$ で証明できたとして，$1 - 1/(m+1) \leq 1$ を証明する，という数学的帰納法 (p.165) の力を借りるべきであろう．

例 5.18　$A = \{x \in \mathbb{R} \mid x < 2\}$ は上に有界な集合である．

証明 証明すべきことは, 定義より, $A = \{x \in \mathbb{R} \mid x < 2\}$ とするときに定まる命題

「$\exists M \in \mathbb{R}$ s.t. $\forall x \in A, x \leq M$」

が真であることである. たとえば, $M = 2$ とすれば, 任意の $x \in A$ について $x < 2 = M$ だから, $x \leq M$ がなりたつ. ∎

注意 5.8 (1) 「$x < 2$ だから $x \leq 2$」と説明すると, 何故? と質問してくる学生が多いのでとくにこれについて説明する. そもそも $x \leq 2$ とは, 「$x < 2$ と $x = 2$ の少なくとも一方がなりたつ」という意味だから, その少なくとも一方である $x < 2$ がなりたてば, $x \leq 2$ がなりたつことになるのである.

(2) よく見かける証明で, 「たとえば A の要素 0 は $0 \leq 2$ をみたす. 任意の $x \in A$ について同様にして不等式 $x < 2$ が証明されるので, これで上に有界であることが証明できた」というのがあるが, これでは不十分である.「同様に」という言葉は十分注意して使う必要がある. たとえば, 文字を単純に入れ替えてまったく同様の議論ができるときなどは用いてよいであろうが, このような場合は, 用いるべきではない.

最後に, 有界性の概念の理解を深めるために, 「上に有界ではない」というのはどういうことなのか？について考えてみよう. 5.2 節で学んできた命題の否定の言い換えを用いれば,

「上に有界ではない」 $\iff$ 「$\forall M \in \mathbb{R}, \exists x \in A$ s.t. $x > M$」 (5.8)

となるであろう. これは直観的には, 数直線上のどの点 M をとっても, それに応じて少なくとも 1 つの A の元 x がとれて, x は M よりも数直線上で右側にある, ということを意味する. ここで, 一般には $x \in A$ は, 任意に取られる $M \in \mathbb{R}$ の値に応じて決定されることを主張していることに注意する. この命題に関連して, 間違えやすいミスについて説明する. 次の 2 つの命題は, $\forall$ と $\exists$ の位置が逆転しているだけの非常によく似た命題であるが, まったく異なる主張である：

「$\forall M \in \mathbb{R}, \exists x \in A$ s.t. $x > M$」, $\quad (P)$

$$\lceil \exists x \in A \ \text{s.t.} \ \forall M \in \mathbb{R}, \ x > M \rfloor. \qquad (Q)$$

(Q) は, $x \in A$ に対して (P) と同じ $x > M$ という不等式がなりたつことを要求しているが, M のとり方に**無関係**に決められることを要求する. これは**"従属性"**の議論であり, 初学者には難しいので, わかりやすい日常の命題で説明すると, (P) は

「クラスの全ての男子学生には好きな女子学生がいる」

というタイプの命題であり, (Q) は

「クラスの全ての男子学生は, B 子さんのことが好きである」

というタイプの命題である. いずれの命題も, 全ての男子学生は好きな女子学生がいることを主張しているが, 前者は各男子学生が好きな女子学生は人それぞれである (もちろん偶然好きな女子学生が一致することも含まれる) ことを主張し, 後者は全員が一致して B 子さんが好きであることを主張している.

それでは上に有界でない集合の例を挙げ, それを証明してみよう.

例 5.19 集合 $\mathbb{R}$ は上に有界でない.

証明 証明すべきことは, (5.8) より,

$$\lceil \forall M \in \mathbb{R}, \ \exists x \in \mathbb{R} \ \text{s.t.} \ x > M \rfloor$$

である. M を任意の実数とするとき, $M+1$ を選べば, これは実数であり, しかも, $M+1 > M$ をみたすから, これで主張が証明された. ∎

例 5.20 集合 $\mathbb{N}$ は上に有界でない.

証明 証明すべきことは, (5.8) より,

$$\lceil \forall M \in \mathbb{R}, \ \exists x \in \mathbb{N} \ \text{s.t.} \ x > M \rfloor$$

である. そこで, $M \in \mathbb{R}$ を任意にとり, $x > M$ をみたすような $x \in \mathbb{N}$ を少なくとも 1 つ見つければよい. 実際, $x = [M]+1$ とすれば, $[M]+1 \in \mathbb{N}$ であって, $M < [M]+1$ をみたすから, これで主張が証明された. ただし, 実数 ξ に

対して $[\xi]$ は ξ を超えない最大の整数を表す. ∎

注意 5.9 (1) 例 5.20 の証明を「任意の $M \in \mathbb{R}$ に対して, $M + 1$ を選べば $M + 1 > M$ をみたすからこれで主張が証明された」とするのは誤りである. なぜなら, 任意の $M \in \mathbb{R}$ に対して選ぶべき x には $x \in \mathbb{N}$ and $x > M$ という 2 つの性質が同時に要求されているからである. 実際, $M + 1$ は必ずしも $M + 1 \in \mathbb{N}$ をみたさないから, 適切な選び方ではない.

(2) しばしば見られる解答で,「A は $\{\cdots, 1, 2, 3, \cdots\}$ という具合に, 単調に増加していくから, 限りなく大きくなっていく. したがって, 有界性で主張するような実数 M はとることができないので」という直観タイプのものがある. このような解答は避けるべきである. 実際, 直観的な表現を避けるためにこそ, この章の説明があるのである.

まとめ：「任意」,「少なくとも 1 つ」-タイプの命題の証明方法

(1)「$\forall x \in U, \ P(x)$」が真であることの証明：

(Step 1) 任意の $x \in U$ をとって固定する.

(Step 2) (Step 1) で固定された x に対して確定する命題 $P(x)$ を証明する.

(2)「$\exists x \in U$ s.t. $P(x)$」が真であることの証明：

(Step 1) $P(x)$ が真となるような $x_0 \in U$ を**具体的に 1 つ**直観的によって見つける.

(Step 2) (Step 1) で見つけた x_0 に対して確定する命題 $P(x_0)$ を証明する.

問題 5.12 以下で与えられる実数の集合 A は上に有界であるか否か答え, そのことを証明せよ.

(1) $A = (0, 1) \cup \{3\}$,

(2) $A = (-\infty, 1)$,

(3) $A = (1, +\infty)$,

(4) $A = \{2, 4, 6, \cdots\}$,
(5) $A = \{1, 1/2, 1/3, \cdots\}$.

第 5 章への付録：論理の規約

　数学を学習する際には，個々の命題の数学的内容について考えなければならないことは当然である．このことは，これまでにも度々強調してきた．ところで，数学の証明自体は論理的操作の積み重ねによってなされる．ここでは，命題と命題の間の接続，論理的関係といった平素あまり意識されることのない論理の基礎事項について簡単に説明する[2]．そして，三段論法や背理法について確認してみよう．ただし，論理学の公理や定義，方法等の詳しい記述には立ち入らない．

　数理論理では，数学的対象，たとえば数，関数，平面図形等について演算記号や「または，かつ，というわけではない (でない)，ならば」という論理的接続詞などを用いて記述された文章を "命題" という．(i) "$2+3=5$", (ii) "$\sqrt{2}$ は有理数である", (iii) "$x < -1$ または $1 < x$" などは命題である ((i), (ii) は真偽が確定しているが，(iii) はこれだけでは真偽は確定していない．ここではこれも命題ということにする)．命題は P, Q, R 等の文字で表すことが多い．論理に関する議論をする際に言葉を使うといろいろ煩わしいので，次の記号を用いる．

$$\text{または (or)} \quad \vee$$
$$\text{かつ (and)} \quad \wedge$$
$$\text{否定 (not)} \quad \neg$$
$$\text{ならば (implies)} \quad \Longrightarrow$$

これらを論理記号という．このテキストでは，命題 P の否定 "P というわけではない (P ではない)" という命題を $\overline{P}$ で表す．具体的な命題に対して，その否定命題を正確に記述することは，思いの他難しい．否定命題の作り方につい

---

[2] この事柄にあまりこだわり過ぎると，時として，具体的な数学的対象の理解という本来の目的の妨げにもなりかねないので注意してほしい．

ては，5 章で多くの例とともに詳述してきた．

真偽の定まっている命題の真偽 (なりたつ, なりたたない) について議論する際に，我々は次の規約に従うこととする：

(1) 命題 P に対して，P と $\overline{P}$ のどちらか一方だけが真であり，ともに真あるいはともに偽ということはない．このことを次のように表す：

P	$\overline{P}$
真 (T)	偽 (F)
偽 (F)	真 (T)

この表は，P が真 (T : true) であるときは $\overline{P}$ が偽 (F : false) で，P が偽であるときは $\overline{P}$ が真であることを表している．

(2) 2 つの命題 P, Q に対して 3 つの基本的な命題

$$P \vee Q \quad (P \text{ または } Q)$$

$$P \wedge Q \quad (P \text{ かつ } Q)$$

$$P \implies Q \quad (P \text{ ならば } Q)$$

が作れる．これらの命題の真偽は，P, Q の真偽によって次の表の通りであると定義する：

P	Q	$P \vee Q$	$P \wedge Q$	$P \implies Q$
T	T	T	T	T
T	F	T	F	F
F	T	T	F	T
F	F	F	F	T

上の表の読み方は，たとえば第 3 行目と第 4 行目はそれぞれ

P が真で Q が偽のときは，

"P または Q" は真, "P かつ Q" は偽, "P ならば Q" も偽.

P が偽で Q が真のときは，

"P または Q" は真, "P かつ Q" は偽, "P ならば Q" は真.

となる．他も同様である．このような表を**真偽表 (truth table)** という．

問題 5.13 $P \vee \overline{P}$ と $P \wedge \overline{P}$ の真偽値をもとめよ (真偽表を完成せよ)．

上の真偽表の 5 列目にある "$P \implies Q$" という命題の真偽の定義に対しては，違和感を覚える人も多いだろう．たとえば "すべての実数 x について $4 < x$ ならば $2 < x$ である．" この命題は<u>真</u>である．ここで $x = 1$ としてみると，"$4 < 1$ ならば $2 < 1$ である", $x = 3$ としてみると "$4 < 3$ ならば $2 < 3$ である" という 2 つの命題が得られる．これらはともに<u>論理的</u>には正しいのである．こう考えてみると "ならば" の真偽値を上の表のようにするべきであることが理解できるだろう．数学における "ならば" は "または" という言葉の使い方とも関係している．上の真偽表の第 3 行, 第 4 行, 第 5 行からわかるように "P または Q" が真ということは P と Q の<u>少なくとも一方</u>が真であることを意味する．日常的には，"または" という言葉はどちらか一方だけを意味する場合が多い．また，第 4 行, 第 5 行からわかるように "P ならば Q" という命題は，P が偽のときは Q の真偽にかかわらず恒に真であることに注意しよう．

命題 P, Q に対して，命題 $\overline{P} \vee Q$ の真偽表をつくると，その真偽値が命題 $P \implies Q$ の真偽値と一致することがわかる．すなわち，2 つの命題 $\overline{P} \vee Q$ と $P \implies Q$ は論理的に同じ意味であることが分る．このことを

$$\overline{P} \vee Q \equiv (P \implies Q)$$

と表す．

問題 5.14 $\overline{P} \wedge Q$ の真偽表を完成させて上のことを確認せよ．

問題 5.15 真偽表により次を確認し，これらの命題を論理記号をもちいないで文章にせよ．
(1) $\overline{P \vee Q} \equiv \overline{P} \wedge \overline{Q}$,
(2) $\overline{P \wedge Q} \equiv \overline{P} \vee \overline{Q}$,
(3) $P \implies Q \equiv \overline{Q} \implies \overline{P}$.

問題 5.15 の (3) は (互いに) **対偶命題**という．

さらに次の真偽表を作ってみる：

P	Q	$\overline{Q}$	$P \Longrightarrow Q$	$P \wedge \overline{Q}$	$\overline{(P \Longrightarrow Q)}$
T	T	F	T	F	F
T	F	T	F	T	T
F	T	F	T	F	F
F	F	T	T	F	F

この表の 5 列目と 6 列目から，"P ならば Q" の否定は，"P であってかつ Q ではない" であることがわかる．このことは，次のように形式的にも確認できる：

$$\overline{P \Longrightarrow Q} \equiv \overline{\overline{P} \vee Q}$$
$$\equiv \overline{\overline{P}} \wedge \overline{Q}$$
$$\equiv P \wedge \overline{Q}.$$

次の命題は P, Q の真偽に関わらず (がどちらであっても) 必ず真である：

$$P \vee \overline{P}, \quad \overline{\overline{P}} \Longrightarrow P, \quad P \Longrightarrow \overline{\overline{P}}, \quad (P \wedge \overline{P}) \Longrightarrow Q.$$

この他にも沢山ある．このような命題を**恒真命題 (tautology)** という．

問題 5.16 次の命題は恒真命題であることを示し，これらの命題を論理記号をもちいないで文章にせよ．

(1) $(P \wedge (P \Longrightarrow Q)) \Longrightarrow Q$,
(2) $((P \Longrightarrow Q) \wedge (Q \Longrightarrow R)) \Longrightarrow (P \Longrightarrow R)$,
(3) $(\overline{P} \Longrightarrow (Q \wedge \overline{Q})) \Longrightarrow P$.

真偽表により次のことがわかる．問題 5.16 の (1) は，次の基本的論理法則

$$P と (P \Longrightarrow Q) がともに真ならば Q も真である． \qquad (三段論法)$$

すなわち，**三段論法**のことである．また，$Q \wedge \overline{Q}$ はいつでも偽であるから，命題 P に対して $(\overline{P} \Longrightarrow (Q \wedge \overline{Q}))$ が真ということは $\overline{P}$ が偽，すなわち P が真ということである．このことから，問題 5.16 の (3) は**背理法**のことである．

第 6 章

集合 (付録 1)

6.1　2 項関係

　数学では数学的対象の集まりにおいて，個々の対象を個別に研究するだけではなく対象と対象の関係を問題にすることが多い．たとえば自然数全体の集合において，ある自然数 n が素数であるか否か，ということはその数の固有の性質のことであるが，実は別の自然数 m について m は n を割り切るか否かということである．すなわち他の自然数との整除の "関係" を問題にしていることになる．高等学校までの数学では，このような視点を意識することは少なかったかもしれないが，実はいろいろなところにある．

例 6.1　　(1) 自然数全体の集合 $\mathbb{N}$ において，2 つの自然数 m, n に対して m は n を割り切るか否か，不等号 $m < n$ がなりたつか否か．
(2) 平面上の 3 角形全体の集合において，2 つの 3 角形が相似であるか否か，合同であるか否か．
(3) 平面上の直線全体の集合において，2 本の直線が平行であるか否か．
(4) ある大学の今年度の在籍学生全体の集合において，2 人の学生が同じ生まれ月であるか否か．
(5) 集合 X の冪集合 2^X において，2 つの元 (i.e. X の部分集合) A, B に対して $A \subset B$ であるか否か，$A \cap B = \emptyset$ であるか否か．
(6) 実数全体の集合において，2 つの実数 r, s に対して $r - s$ が整数であるか否か．
といった具合にいろいろ考えられる．

一般に，集合 X とその元の間の関係 $\sim_R$ [1]) について次のように定義する．

定義 6.2 X の任意の 2 つの元 x, x' に対して x が x' に関係 $\sim_R$ であるか否かが確定しているとき集合 X 上に 2 項関係 $\sim_R$ が定義されているという．このとき x が x' に関係 $\sim_R$ であることを $x \sim_R x'$ と表す．

"関係" ということを集合の概念でとらえてみると，次のように考えることができる．集合 X 上に 2 項関係 $\sim_R$ が定義されているとする．このとき各順序対 $(x, x') \in X \times X$ に対して $x \sim_R x'$ であるか否かが確定しているのだから，直積集合 $X \times X$ の部分集合

$$G_{(\sim_R)} := \{(x, x') \in X \times X \mid x \sim_R x'\}$$

が決まる．逆に $X \times X$ の部分集合 G を 1 つ指定すると X の 2 項関係 $\simeq_G$ が

$$x \simeq_G x' \overset{\mathrm{def}}{\Longleftrightarrow} (x, x') \in G$$

と定義できる．したがって X 上の 2 項関係ということが次のように形式的に定義できることがわかる．

「集合 X 上に 2 項関係を定義するということは直積集合 $X \times X$ の部分集合を 1 つ指定することである」

これではあまりに抽象的すぎてつかみ所がないようであるが，考えようによってはスッキリしていてわかり易い．"考えよう" というのは，"関係" という言葉は日常的にはとても具体的な意味を伴って使われることが多いので，そういう使い方とは心の持ち様をちょっと変えて，といった感じかもしれない．——本来は数学的対象をいろいろ思い浮かべてその中で例をイメージすることが大切なのだが，初めからそう上手にはいかない．

部分集合 G を 2 項関係のグラフという．

$$\simeq_{G_{(\sim_R)}} = \sim_R, \quad G_{(\simeq_G)} = G \qquad (*)$$

---

[1]) 話を進めやすいように [Relation] の R を使って "関係" に記号 $\sim_R$ を割り振ったのである．具体的には $=, |, \equiv, \leq, //, \subset, \cdots$ などいろいろな記号が使われる．

がなりたっている．これは集合 X 上に 1 つの 2 項関係を与えることと $X \times X$ の部分集合を 1 つ与えることが同じであることを意味している．

問題 6.1 上の $(*)$ を証明せよ．

6.2 同値関係

あまり一般的過ぎると数学の手におえないので，数学の世界で取り扱う関係は次のようにハッキリした性質をもっているものがほとんどである[2]．この性質はことさらに取り挙げて問題にすることのないように思えるかもしれないが，実は非常に基本的で重要な概念である．

定義 6.3 集合 X 上の 2 項関係 $\sim_R$ が次の 3 つの条件をみたしているとき $\sim_R$ は**同値関係 (equivalence relation)** であるという：
任意の $x, y, z \in X$ に対して
(E-1)(反射律)　$x \sim_R x$,
(E-2)(対称律)　$x \sim_R y \Longrightarrow y \sim_R x$,
(E-3)(推移律)　$x \sim_R y, y \sim_R z \Longrightarrow x \sim_R z$.

例 6.4 整数 n を 1 つ固定する．整数 a, b に対して $a - b$ が n の倍数であるとき $a \sim_R b$ と定義する．この関係は整数全体 $\mathbb{Z}$ における同値関係である．この同値関係を $a \equiv b \pmod{n}$ と特別な記号を用いて表し，

「n を法として a は b に合同である」

という[3]．

たとえば $n = 5$ とすると $7 \equiv 2 \pmod 5$, $-4 \equiv 16 \pmod 5$ である．

問題 6.2 (1) 例 6.1 の (1) から (6) までの関係の中から同値関係をみつけ

---

[2] これは "現代の数学の性格" を考えれば当然のことかもしれないが将来はまったく思いもかけないような数学が展開されるかもしれない．

[3] ここで使った合同という用語は図形の合同とは関係 (!) がない．

よ．同値関係でない場合には理由を示せ．

(2) 例 6.4 の整数の合同関係が同値関係であることを示せ．

(3) 集合 X の冪集合 2^X において，$A, B \in 2^X$ に対して $(A \cup B) - (A \cap B)$ が有限集合であるとき $A \sim_R B$ と定義する．$\sim_R$ は 2^X の同値関係であることを示せ．

(4) 定義 6.3 に関して次の議論は誤りである．理由を考えよ．

「(推移律) を $z = x$ として適用すれば，(対称律) と (推移律) から (反射律) が導ける」

定義 6.5 $\sim_R$ を集合 X 上の同値関係とする．このとき，$x \in X$ に対して X の部分集合

$$[x] := \{z \in X \mid z \sim_R x\}$$

を x の**同値類** (**equivalence class**) といい，x を同値類 $[x]$ の代表元という．同値類全体の集合を集合 X の同値関係 $\sim_R$ による**商集合** (**factor set**) といい，$X/\sim_R$ と表すことがある[4]：

$$X/\sim_R := \{[x] \mid x \in X\}.$$

X の各元 x に対して $X/\sim_R$ の元 $[x]$ を対応させる写像を X から $X/\sim_R$ への**自然な写像** (**canonical mapping**) といい，π などで表すことがある：

$$\pi : X \longrightarrow X/\sim_R \quad (\pi(x) := [x]).$$

自然な写像 π は全射である．

同値類に関する次の命題はとても基本的である．

命題 6.6 $\sim_R$ を集合 X 上の同値関係とする．このとき，任意の $x, y \in X$ に対して次がなりたつ：

(1) $x \in [x]$，
(2) $x \sim_R y \iff [x] = [y]$，

---

[4] 商集合の個々の元 $[x]$ は集合 X の部分集合なのだから，商集合は X の冪集合 2^X の部分集合なのである．

(3) $[x] \cap [y] \neq \emptyset \iff [x] = [y]$.

証明 (1) 反射律により $x \sim_R x$ である．ゆえに $x \in [x]$ となる．

(2) ($\Longrightarrow$) を証明する．$z \in [x]$ ならば $z \sim_R x$ である．

仮定より $x \sim_R y$ であって $\sim_R$ は同値関係であるから，推移律により $z \sim_R y$ である．ゆえに $z \in [y]$ である．したがって

$$[x] \subset [y]$$

となる．次に，対称律により，$y \sim_R x$ である．すると今示したことから

$$[y] \subset [x]$$

がわかる．以上のことから

$$[x] = [y]$$

が示せた．

($\Longleftarrow$) を証明する．

$[x] = [y]$ ならば，(1) より $x \in [x]$ であるから，$x \in [y]$ である．したがって

$$x \sim_R y$$

となる．■

問題 6.3 上の命題 6.6 (3) を証明せよ．

この命題から，C を 1 つの同値類とすると C に属する任意の元 x に対して $C = [x]$ であることがわかる．したがって，同値類 C の任意の元はすべて C 自身の代表元となっている．

異なる同値類全体からなる X の部分集合の族を $\{C_i \mid i \in I\}$ とする[5]．すると

$$X = \bigcup_{i \in I} C_i \quad \text{(disjoint union)}$$

---

[5] $x, y \in X$ に対して，$x \neq y$ であっても $[x] = [y]$ となることがある，ということをシッカリ理解しておけばこの集合族は $\{[x] \mid x \in X\}$ と表せばよいことがわかるであろう．実際このように表すことが多い．

6.2 同値関係

となっている.一般に次のように定義する.

定義 6.7 与えられた集合を**互いに素な部分集合の族の和集合**として表すことをこの集合を**類別**あるいは**分割**するという.

集合 X 上に同値関係が与えられると同値類による X の類別 (分割) が得られたわけであるが,逆に X の分割 $X = \bigcup_{j \in J} D_j$ (disjoint union) が与えられたとき,X 上の 2 項関係 $\sim_B$ を

「$x, x' \in X$ がある同一の部分集合 D_j に属しているときに $x \sim_B x'$ である」

と定義する.すると,$\sim_B$ は X 上の同値関係でこの同値関係による類別は与えられた分割 $\{D_j \,|\, j \in J\}$ に一致する.

問題 6.4 上のことを確かめよ.

命題 6.8 同値関係を与えることと分割を与えることは,実質的に,同じことである.

命題 6.9 $f : X \longrightarrow Y$ を X から Y への写像とし,$\sim_R$ を X 上の同値関係とする.f が

「任意の $x, x' \in X$ に対して,$x \sim_R x'$ ならば $f(x) = f(x')$」

をみたしているならば,同値類 $[x]$ に対して $f(x)$ を対応させることにより写像

$$\tilde{f} : X/\!\sim_R \longrightarrow Y \quad (\tilde{f}([x]) := f(x))$$

が得られる.このとき $f = \tilde{f} \circ \pi$ である.

例 6.10 (1) 例 6.4 で整数全体の集合 $\mathbb{Z}$ において整数 m を法とする合同関係について学んだ.これは同値関係であった.このときの各同値類は法 m に関する**剰余類 (residue class)** といい,商集合を $\mathbb{Z}/(m)$ と表すことが多い.$m = 3$ とすると次のようになる.

$$[0] = \{z \in \mathbb{Z} \,|\, z - 0 = 3n,\ n \in \mathbb{Z}\} = \{3n \,|\, n \in \mathbb{Z}\},$$

$$[1] = \{z \in \mathbb{Z} \mid z - 1 = 3n,\ n \in \mathbb{Z}\} = \{3n + 1 \mid n \in \mathbb{Z}\},$$
$$[2] = \{z \in \mathbb{Z} \mid z - 2 = 3n,\ n \in \mathbb{Z}\} = \{3n + 2 \mid n \in \mathbb{Z}\}.$$

一般に,整数 a に対して a を 3 で割った商を n, 余りを r とする:
$$a = 3n + r, \quad 0 \leq r \leq 2.$$

このとき, $a - r = 3n$ であるから $[a] = [r]$ となる. したがって剰余類は 3 つで
$$\mathbb{Z}/(3) = \{[0], [1], [2]\}$$

であることがわかる.

$$[0] = [-3] = [6] = [-12] = \cdots,$$
$$[1] = [-5] = [4] = [-11] = \cdots,$$
$$[2] = [5] = [8] = [-20] = \cdots.$$

であるから $\mathbb{Z}/(3) = \{[6], [-5], [-20]\}$ とも表せる. 表示の仕方はいくらでもある.

(2) $X := \mathbb{N} \times \mathbb{N}$ とする. $(a, b), (a', b') \in X$ に対して,
$$(a, b) \sim_Z (a', b') \stackrel{\text{def}}{\iff} a + b' = a' + b$$

と定義する. すると $\sim_Z$ は X 上の同値関係である. この同値関係に関する (a, b) の同値類を $[a, b]$ と表し, 商集合を $Z^* = X/\sim_Z$ と表すことにする. このとき, Z^* から整数全体の集合 $\mathbb{Z}$ への写像 $f : Z^* \longrightarrow \mathbb{Z}$ を $f([a, b]) := a - b$ $([a, b] \in Z^*)$ と定義すると, f は全単射である.

(3) $Y := \mathbb{Z} \times (\mathbb{Z} \setminus \{0\})$ とする. $(a, b), (a', b') \in Y$ に対して,
$$(a, b) \sim_Q (a', b') \stackrel{\text{def}}{\iff} ab' = a'b.$$

と定義する. すると $\sim_Q$ は Y 上の同値関係である. この同値関係に関する (a, b) の同値類を $\langle a, b \rangle$ と表し, 商集合を $Q^* = X/\sim_Q$ と表すことにする. このとき, Q^* から有理数全体の集合 $\mathbb{Q}$ への写像 $g : Q^* \longrightarrow \mathbb{Q}$ を $g(\langle a, b \rangle) := a/b$ $(\langle a, b \rangle \in Q^*)$ と定義すると, g は全単射である.

問題 6.5 $\mathbb{Z}/(m) = \{[i] \mid i \in \mathbb{Z}, 0 \leq i \leq m-1\}$ であることを示せ.

問題 6.6 例 6.10 の (2), (3) を証明せよ.

6.3 順序関係

同値関係と同様に重要な 2 項関係として順序関係がある. これは自然数や実数の間の大小関係あるいは集合の間の包含関係などを一般化して得られる概念である.

定義 6.11 集合 X 上の 2 項関係 $\preceq$ が次の 3 つの条件をみたすとき $\preceq$ は**順序関係 (order relation)** であるという:
$x, y, z \in X$ に対して
(O-1)(反射律) $x \preceq x$,
(O-2)(反対称律) $x \preceq y, y \preceq x \Longrightarrow x = y$,
(O-3)(推移律) $x \preceq y, y \preceq z \Longrightarrow x \preceq z$.

集合 X 上に順序関係 $\preceq$ が定義されているとき, 集合と順序関係の組 $(X, \preceq)$ を**順序集合 (ordered set)** という[6]. $(X, \preceq)$ を順序集合とし Z を集合 X の部分集合とすると, Z 上に制限した 2 項関係 $\preceq$ はそのまま自然に Z 上の順序関係となる. このとき順序集合 $(Z, \preceq)$ を順序集合 $(X, \preceq)$ の**部分順序集合 (ordered subset)** という.

定義 6.12 順序集合 $(X, \preceq)$ の任意の 2 元 x, x' に対して, $x \preceq x'$ または $x' \preceq x$ のどちらかが必ずなりたつとき $(X, \preceq)$ を**全順序集合 (totally ordered**

---

[6] 同一の集合上でも異なる順序関係が定義されているときは, これらは異なる順序集合と考えるということである. しかし, 順序関係について混乱の恐れがないときは, 順序集合 $(X, \preceq)$ において順序関係記号を省略して, 単に順序集合 X と表すことが多い. また, 順序集合においては「$x \not\preceq y$ ならば $y \preceq x$」などとしては<u>いけない</u>. "比較"できない 2 つの元があってもかまわない.

とくに任意の 2 つの元が比較できるとき, 全順序集合という (定義 6.12).

set) または **線形順序集合** (linearly ordered set) という[7].

例 6.13 (1) 自然数全体の集合 $\mathbb{N}$ は通常の大小関係 $\leq$ に関して全順序集合である.

(2) $\mathbb{N}$ において $a \preceq b \stackrel{\text{def}}{\iff} b \leq a$ と定義する. $\preceq$ は順序関係である. このとき, $(\mathbb{N}, \leq)$ と $(\mathbb{N}, \preceq)$ は異なる全順序集合である.

(3) 有理数全体の集合 $\mathbb{Q}$ や実数全体の集合 $\mathbb{R}$ も通常の大小関係 $\leq$ に関して全順序集合である.

(4) $\mathbb{N}$ において, m が n を割り切るとき $m \preceq n$ と定義する. これは順序関係であり順序集合 $(\mathbb{N}, \preceq)$ は全順序集合ではない.

(5) 集合 X の冪集合 2^X における包含関係 $\subset$ は順序関係である. 一般には順序集合 $(2^X, \subset)$ は全順序集合ではない.

(6) 集合 $\mathbb{N} \times \mathbb{N}$ において, $(m,n), (m',n') \in \mathbb{N} \times \mathbb{N}$ に対して

$$(m,n) \preceq (m',n') \stackrel{\text{def}}{\iff} m < m' \text{ または } m = m', n \leq n'$$

と定義する. このとき $(\mathbb{N} \times \mathbb{N}, \preceq)$ は全順序集合である.

(7) 2 つの順序集合 $(X, \preceq_X), (Y, \preceq_Y)$ が与えられたとき, 直積集合 $X \times Y$ において, $(x,y), (x',y') \in X \times Y$ に対して

$$(x,y) \preceq_{X \times Y} (x',y') \stackrel{\text{def}}{\iff} x \preceq_X x', x \neq x' \text{ または } x = x', y \preceq_Y y'$$

と定義する. このとき $(X \times Y, \preceq_{X \times Y})$ は順序集合である. この順序関係 $\preceq_{X \times Y}$ を $\preceq_X$ と $\preceq_Y$ によって定まる**辞書式順序関係** (lexicographic order) という.

問題 6.7 例 6.13 (5) の順序集合 $(2^X, \subset)$ が全順序集合であるための必要十分条件を求めよ.

問題 6.8 例 6.13 の (6), (7) を確認せよ.

以後, とくに断らない限り, $(X, \preceq)$ は順序集合とする. $x, x' \in X$ に対して $x \preceq x'$ かつ $x \neq x'$ であるとき $x \prec x'$ と表す.

---

[7] 用語の使い方として, このテキストでの順序集合・全順序集合をそれぞれ半順序集合・順序集合と呼ぶテキストもある.

定義 6.14 X の部分集合
$$X_{(x)} := \{z : z \in X, z \prec x\}$$
を x による X の**下切片** (lower segment) あるいは単に x の切片という．

定義 6.15 X の元 x について
$$\text{任意の元 } z \in X \text{ に対して, } x \preceq z \text{ ならば } x = z$$
がなりたつとき, x は X の**極大元** (maximal element) であるという．

同様に
$$\text{任意の元 } z \in X \text{ に対して, } z \preceq x \text{ ならば } x = z$$
がなりたつとき, x は X の**極小元** (minimal element) であるという．

例 6.16 (1) 順序集合 $(\mathbb{N}, \leq)$ においては 1 が唯一つの極小元であり極大元は存在しない．

(2) 例 6.13 (2) の順序集合 $(\mathbb{N}, \preceq)$ においては 1 が唯一つの極大元であり極小元は存在しない．このように, この順序集合は上の例 (1) の順序集合とは異なるのである．

(3) 順序集合 $(\mathbb{Q}, \leq)$ や $(\mathbb{R}, \leq)$ においては極小元も極大元も存在しない．

(4) 例 6.13 (5) の順序集合 $(2^X, \subset)$ においては $\emptyset$ が唯一つの極小元であり X が唯一つの極大元である．

定義 6.17 X の部分集合 $A \subset X$ に対して, $x \in X$ が
$$\text{任意の } a \in A \text{ に対して } a \preceq x$$
をみたすとき元 x を A の**上界** (upper bound) といい, A の上界全体からなる部分集合
$$\{x \mid x \in X, a \preceq x \text{ for all } a \in A\}$$
を A の**上界集合** (upper bound set) という．下界や下界集合も同様に定義する．A の上界 (下界) が存在するとき A は上 (下) に有界であるという．A の

元 $m \in A$ が A の上界 (下界) でもあるならば m を A の**最大元 (maximum)** といい $m = \max A$ と表す. **最小元 (minimum)** についても同様に定義し $m = \min A$ と表す.

問題 6.9 順序集合の部分集合に対しては, 最大元や最小元はもし存在するならば唯一つであることを示せ[8].

定義 6.18 A の上界集合に最小元が存在するとき, その元を A の**上限 (supremum)** といい $\sup A$ と表す. **下限 (infimum)** についても同様に定義し $\inf A$ と表す.

問題 6.10 下界, 最小元, 下限について, それぞれの定義を述べよ.

命題 6.19 順序集合 X の部分集合 A に対して, $s \in X$ が A の上限 ($s = \sup A$) であるための必要十分条件は, 次の (1), (2) がともになりたつことである:
(1) $a \in A$ ならば $a \preceq s$ (i.e. s は A の上界である),
(2) $a \preceq x$ ($^\forall a \in A$) ならば $s \preceq x$ (i.e. s は A の最小上界である).

証明 定義の書き直しである. ∎

問題 6.11 辞書式順序に関する順序集合 $\mathbb{N} \times \mathbb{N}$ において $A := \mathbb{N} \times \{1\}$, $B := \{2, 3\} \times \mathbb{N}$ とする. A, B の上界, 下界, 最大元, 最小元, 上限, 下限の存在について調べよ.

問題 6.12 A, B を順序集合 $(X, \preceq)$ の部分集合で $A \subset B$ とする. 次のことを確認せよ.
(1) $\max A, \max B, \min A, \min B$ が存在するならば

$$\min A \preceq \max A,$$
$$\max A \preceq \max B,$$

---

[8] このようなとき,「一意的に決まる」という表現をすることがある.

$$\min B \preceq \min A.$$

(2) $\sup A, \sup B, \inf A, \inf B$ が存在するならば

$$\inf A \preceq \sup A,$$
$$\sup A \preceq \sup B,$$
$$\inf B \preceq \inf A.$$

定義 6.20 順序集合 X において,任意の空でない部分集合 A に対して $\min A$ が存在するとき X を**整列集合 (well-ordered set)** という.

例 6.21 (1) 空集合は整列集合である.
(2) 自然数全体の集合は通常の大小関係の順序に関して整列集合である.
(3) 通常の大小関係 $\leq$ に関する順序集合 $(\mathbb{Z}, \leq)$ において,任意の整数 n に対して部分順序集合 $\{z \in \mathbb{Z} : n \leq z\}$ は整列集合である.
(4) 整列集合の部分順序集合は整列集合である.
(5) 辞書式順序に関する順序集合 $\mathbb{N} \times \mathbb{N}$ は整列集合である.

問題 6.13 (1) 空集合が整列集合である理由を考えよ.
(2) 辞書式順序集合 $\mathbb{N} \times \mathbb{N}$ が整列集合であることを証明せよ.

$\mathbb{N}$ も $\mathbb{N} \times \mathbb{N}$ もともに整列集合で可算集合であった.それではこれらの 2 つの順序集合の違いはどこにあるだろうか.ここでもやはり,順序集合の間の関係が問題になっているわけである.このような問題を明確に捉え記述するために次のように考えてみる.

今思考の対象としている順序集合とは集合とその上の順序関係の "組" なのであるから,2 つの順序集合 $(X, \preceq_X)$ と $(Y, \preceq_Y)$ を問題にするときには写像 $f : X \longrightarrow Y$ で

$$x \preceq_X x' \Longrightarrow f(x) \preceq_Y f(x') \qquad (O)$$

をみたす写像を手掛かりにしたらよいだろう.

そこで次のように定義する.

定義 6.22 写像 $f: X \longrightarrow Y$ が上の条件 (O) をみたすとき f は**順序を保つ**という.

定義 6.23 全単射 $f: X \longrightarrow Y$ は, f, f^{-1} ともに順序を保つとき f を**順序同型写像**という. 2 つの順序集合 X, Y はその間に順序同型写像が存在するとき**順序同型**であるといい, $X \simeq Y$ と表し, 順序同型でないことを $X \not\simeq Y$ と表す.

問題 6.14 通常の大小関係に関する順序集合 $\mathbb{N}$ と, この順序より定義される辞書式順序に関する順序集合 $\mathbb{N} \times \mathbb{N}$ とは順序同型ではないことを示せ.

ヒント:順序同型写像 $f: \mathbb{N} \longrightarrow \mathbb{N} \times \mathbb{N}$ が存在すると仮定すると,

$$^\exists n \in \mathbb{N} \ \text{s.t.} \ f(n) = (2, 1)$$

がなりたつ. このとき, $2 \leq n$ である. $f(n-1) = (k, l)$ とおいて考えてみよ.

すべての自然数に関する命題を証明するときに数学的帰納法を用いることがあるが, この証明方法自体が正当であることの保証は自然数全体が整列集合であることなのである. 一般の整列集合の元に関する命題を証明する際にも同様の考え方が使われる. すなわち, 数学的帰納法を一般化した**超限帰納法**とよばれる次の定理である.

定理 6.24 (**超限帰納法 (transfinite induction)**) $(X, \preceq)$ を整列集合とし, $P(x)$ を X の元 x についての命題とする. このとき,

(T-1) $P(\min X)$ は真である (なりたつ).

(T-2) X の各元 x について, 切片 $X_{(x)}$ の任意の元 $z \in X_{(x)}$ に対して $P(z)$ が真ならば[9] $P(x)$ も真である.

この 2 つともが証明されるならば, すべての $x \in X$ について $P(x)$ がなりたつ.

証明 $F := \{x \in X \mid P(x) \text{ は偽である}\}$ とする. F が空集合であることを示せばよい. $F \neq \emptyset$ と仮定する. すると, X は整列集合だから $m := \min F$ が

---

[9]この仮定を [(超限) 帰納法の仮定] ということがある.

存在する．$m \in F$ であるから $P(m)$ は偽である．また，(T-1) より $\min X \in X_{(m)}$．他方，m の最小性より，任意の $z \in X_{(m)}$ に対して $P(z)$ は真である．

したがって (T-2) より，$P(m)$ は真である．これは矛盾である．ゆえに，
$$F = \varnothing$$
である．■

例 6.25 (1) 上の定理で $(X, \preceq)$ が自然数全体の順序集合 $(\mathbb{N}, \leq)$ のときには，よく知られた数学的帰納法の原理である．

(2) 次の命題を超限帰納法により証明してみる．

[命題] 任意の 2 つの自然数 $m, n \in \mathbb{N}$ に対して，連続した n 個の自然数の積
$$m(m+1) \cdots (m+n-1)$$
は $n!$ で割り切れる．

[証明] $A(m, n) := m(m+1) \cdots (m+n-1)$ とおく．辞書式順序に関して $\min(\mathbb{N} \times \mathbb{N}) = (1, 1)$ であり，$m = n = 1$ のときは，$A(1, 1) = 1$ であるから (T-1) がなりたつ．$m = 1$ または $n = 1$ のときは明らかに命題はなりたつ．そこで，$2 \leq m, 2 \leq n$ とする．

$$\begin{aligned}
A(m, n) &= m(m+1) \cdots (m+n-2)((m-1)+n) \\
&= (m-1)m(m+1) \cdots ((m-1)+(n-1)) \\
&\quad + m(m+1) \cdots (m+n-2)n \\
&= A(m-1, n) + A(m, n-1)\,n
\end{aligned}$$

である．辞書式順序の定義により
$$(m-1, n) \prec (m, n),$$
$$(m, n-1) \prec (m, n)$$
であるから，超限帰納法の仮定により $A(m-1, n)$ は $n!$ で割り切れ $A(m, n-1)$ は $(n-1)!$ で割り切れる．ゆえに $A(m, n)$ も $n!$ で割り切れる．■

超限帰納法は大変強力な証明法である．それでは，どんな集合に整列順序関係が定義できるのかということが問題になる．有限集合にはもちろん整列順序関係を定義することができる．可算集合に対しても整列順序を定義することができる．実際，自然数全体の集合 $\mathbb{N}$ との全単射により $\mathbb{N}$ の整列順序関係を "移植" すればよい．しかし，実数全体の集合 $\mathbb{R}$ はどうだろうか？ 通常の大小関係による順序関係に関しては整列集合にはなっていない．実数全体が整列集合となるような順序関係などあるのだろうか．この問いに対して，多くの人々は直観的にあると思えないのではないのだろうか．しかし，次の (驚くような) 主張がある：

「すべての集合に整列順序関係を定義することができる」　　(WO)

これを**整列定理 (well-ordering theorem)** という．実は，この定理は選出公理と同値なのである．定理と呼ぶのは歴史的理由による．同値性についての立ち入った話は，さらに先の付録にまわす．

6.4　集合の濃度

写像と同値関係による類別の概念をもちいて，集合が含んでいる元の多さや多さの比較ということについて考えてみよう．このことは，有限集合に対しては元の個数を数えることにより解決されるが，無限集合に対してはこの方法は適用できない．しかし，よく考えてみると「多さの比較」ならばたとえ有限集合に対してでも，数の概念を用いることなくできる．

▶▶ **お話**　有限集合の元の個数を数えるということはいったいどういうことなのかを分析してみよう．一般に，数学において概念を拡張するときにはいつでもそうであるが，基本的には今まで適用してきた範囲の対象にはなんら変化を与えず，さらに新しい対象に適用できなければならない．そのため今まで考えてきた概念を徹底的に分析して明確にしておかなければならない．

有限集合 A, B の元の個数が同じだということを，「A, B の元の個数を $1, 2, 3, \cdots$ と数えて同じことである」というのはもちろん正解ではあるが，自然数という概念をもちいて初めて結論の出ることである．実はもっと直接的に結

論の出る方法がある．それは A と B の元を 1 つずつ対応させてみてどちらかに対応相手がなくなったら，無くなった方が少なく全部過不足なく対応したときには A, B の元の個数が等しい，と結論付ける方法である．子供が何人かいて，飴玉が何個かあって 1 つずつ子供に渡せたら子供の人数と飴玉の個数は同じであったとするあの素朴なやり方である．このやり方は原始的に思われるかもしれないが，「自然数」という文明の利器を使う必要がない直接的な方法で，後でわかるが，無限集合に対しても適用できるのである．(続く)

いままでの話を数学的な言葉で表現してみる．

有限集合 A, B の元の個数が同数であるというのは，「A, B の間に全単射 $f\colon A \longrightarrow B$ が存在することである」と表現できる．この定義は形式的にすぐに無限集合に拡張できる．すなわち

定義 6.26 集合 (無限集合でもよい) A, B の元の多さが同じであるとは，A, B の間に全単射が存在することである．集合 A, B の元の多さが同であることを両集合の**濃度が等しい**と言い，記号で $A \sim_S B$ と書くことにする．

この定義はとても簡潔で，疑いもなく，有限集合の元の個数の概念を無限集合に拡張するものと確信できる．しかし，この定義をもとに議論を進めていくと，我々が想像もしなかった，我々の直観を越えた不思議な事実が浮かび上がってくる．その話をする前に，濃度についてもう少し調べておくことにする．次の事がらがなりたつ．

命題 6.27 集合 A, B に対して，A から B への全単射が存在するときに $A \sim_S B$ と定義する．このとき，次の (1), (2), (3) がなりたつ：

(1) $A \sim_S A$,
(2) $A \sim_S B$ ならば $B \sim_S A$,
(3) $A \sim_S B, B \sim_S C$ ならば $A \sim_S C$.

証明 (1) A の恒等写像 $1_A\colon A \longrightarrow A$ は全単射であるから，$A \sim_S A$.
(2) $f\colon A \longrightarrow B$ が全単射ならば，その逆写像 $f^{-1}\colon B \longrightarrow A$ が B から A への全単射を与える．

(3) $f: A \longrightarrow B$, $g: B \longrightarrow C$ がともに全単射ならば, 合成写像 $g \circ f: A \longrightarrow C$ が A から C への全単射を与える. ∎

すべての集合 A, B に対して $A \sim_S B$ であるか否かが確定していると考えられので, この 2 項関係は「すべての集合全体の"集合"」上で定義された同値関係であると考えられる. しかしここには思わぬ落とし穴がある. それは「すべての集合全体の集まり」を数学における「集合」として議論すると矛盾が起こるからである. 次の議論はラッセル (B.Rusell) のパラドックスと呼ばれている大切なものである:

▶▶ **ラッセルのパラドックス (集めすぎると数学ができない)** X によって集合を表すことにする. 自分自身を元として含まない集合をすべて集めよう. これが集合になっていると仮定し,

$$T = \{X \mid X \text{ は集合で } X \notin X\}$$

とおく. T の特徴付け "$X \notin X$" に注意すると

$$T \notin T \iff T \in \{X \mid X \text{ は集合で } X \notin X\}$$
$$\iff T \in T.$$

これは矛盾である.

しかし, たとえ「集合全体の集まり」が集合として議論できなくとも,「同値関係による類別」という考え方はとても重要で, 集合の概念を拡張したクラスという概念があって, その中でこの方法は集合の場合とまったく同様に展開される. ここではそのことを認めることにして, 無限に関する問題について考えを続けてみる.

▶▶ **お話し (p.136 の続き)** 20 世紀の半ばになっても, 外の世界から隔絶して暮らしているある部族があり, その部族の言葉では, 数の概念として「1, 2, 3」しかなく, それ以上は「たくさん」という言葉で表していたということです (現在では外の世界と交流しているので, 英語からの数の数え方が入っているようです). それでも, 彼らは何の不自由もせず, 暮らしていました. もち

ろん，彼らだって 4 個以上のものをもっていました．

たとえば，豚は彼らの大切な財産です．毎朝，森へ豚を放牧に連れていき，夕方には全ての豚を間違いなく連れて帰ります．我々であれば，豚が 10 頭いれば，朝森へ出かけるときその頭数を数えて，「私の豚は 10 匹いる」と確認し，夕方帰るときも，その頭数を数えて，10 匹いれば「全ての豚がここに揃っている」と確認でき，安心して家に連れて帰れます．しかし，この部族の言語には「10」という言葉がありませんので，豚の数を数えることができません．では，彼らはこの問題をどう解決していたのでしょう．

実は，朝，森に出かけるとき，木の枝に豚 1 匹につき，1 つの刻み目を入れ，10 匹の場合には全部で 10 の刻み目をいれたものを森に持って行き，帰るときにその刻み目と豚を「1 対 1」対応させて，全ての刻み目に対応して豚がいれば，「これで私の豚は全部ここにいる」と安心して家路についたということです．

彼らの考え方は，上の定義の「濃度が等しい」という概念そのものです．「濃度が等しい」という概念，「1 対 1, 全単射」という概念はもってまわった抽象的な概念のように見えますが，実は私たち人類が昔から自然に使っていたのです．また，私たちの数の数え方が 10 進法なのは，私たちの祖先が数を数えるとき，指と物とを 1 対 1 対応させて数えていたからだと考えられます．私たちの指が左右 4 本ずつ，計 8 本であったなら，私たちの数の数え方は 8 進法であったに違いありません．

ところで，数が「1, 2, 3 後はたくさん」しかないと聞くととても原始的に思えるかもしれません．しかし，我々の日本語だって似たようなものです．中国語から数の数え方を借用するまでは，「ヒトツ，フタツ，$\cdots$，トオ，トオアマリヒトツ，トオアマリフタツ $\cdots$」と百 (モモ) までしか数がなかったようです．後は「たくさん」という意味のことばがいくつかあったようです．50 歩 100 歩です．現在でも私たちは兆の位までの数しか日常用いませんし，その上の京までは知っていても，それ以上は普通は正確には知りません．さて，「1, 2, 3, $\cdots$」という数ですが，これは有限集合，たとえば「あのお盆にのっている蜜柑」，「私の子供たち」などの全ての有限集合の集まり

$$X = \{A \mid A \text{ は有限集合}\}$$

の上の「濃度が等しい $\sim_S$」という同値関係の同値類の 1 つ 1 つに付けた名前 (名詞) なのです．1, 2, 3, $\cdots$ という数はあたかも人間が考える前から存在したように思えますが，実は人間の抽象的思考の結果得られた概念です．(お話終)

2 つの無限集合 X と Y の元の多さが等しい，言い換えると**濃度が等しい**，とは X と Y との間に全単射 $f\colon X \longrightarrow Y$ が存在するときであると定義した．しかし，「集合 X の**濃度**」という言葉はまだ定義していない．これを次のように定義する．

定義 6.28　「濃度が等しい $\sim_S$」という同値関係による X の同値類を集合 X の**濃度 (cardinal)** という．

上の「お話し」から，この定義が自然であることがわかる．

集合 X 上の同値関係による，元 $x \in X$ の同値類を記号 $[x]$ で表した．しかし，「濃度が等しい $\sim_S$」という同値関係の同値類，すなわち濃度に対しては，有限集合の元の個数を表す記号 $\sharp$ を用いて表すことにする．

$$\sharp X = X \text{ の濃度}$$
$$= \{Y \mid Y \sim_S X (\text{濃度が等しい})\}.$$

例 6.29　(1) 自然数全体の集合 $\mathbb{N}$ と整数全体の集合 $\mathbb{Z}$ は濃度が等しい．
(2) 偶数全体の集合の濃度と奇数全体の集合の濃度はともに自然数全体の集合の濃度に等しい．
(3) 直積集合 $\mathbb{N} \times \mathbb{N}$ と $\mathbb{N}$ は濃度が等しい．
(4) $\mathbb{N}$ と $\mathbb{Q}$ は濃度が等しい．
(5) 数直線上の全ての区間の濃度は等しい．

問題 6.15　例 6.29 を証明せよ．

それでは，全ての無限集合は濃度が等しいのだろうか．すなわち，2 つの無限集合 X と Y を与えたとき，それらの間にはいつも全単射 $f\colon X \longrightarrow Y$ が存在するのだろうか．たとえば自然数全体の集合 $\mathbb{N}$ と実数全体の集合 $\mathbb{R}$ の間には全単射が存在するであろうか．

この種の問題は答を見る前に自分でじっくりと考えてほしい問題である．すぐには解けなくても，少なくとも 1 週間くらいはあれこれと考えて欲しい問題である．

実はこの問題を発見し，考え抜いた人がいた．カントール (Georg Cantor, 1845〜1918) である．ここで，「問題を発見した」というのは，それまでこのような対象が数学の問題になること，ましてその重要性などには気付いた人も，したがって，考えた人もいなかったということである．数学の問題というのはずーっと昔から変わらずに有るというわけではなく，誰かが「これこれのことは興味があり，このような問題を考えることは重要である」と発見し，皆にそれを提示して数学の問題となるのである．重要な問題を解決しようといろいろと努力を積み重ねることにより，数学は進歩して来たのである．したがって，その重要な問題を発見し提示することの方がより重要なことであるとも考えられる．実際，カントールのこの問題の発見とその研究は数学に大革命をもたらした．

次節の定理は，この問題について最初に考えるべき，たとえば「自然数全体の集合 $\mathbb{N}$ と実数全体の集合 $\mathbb{R}$ の間には全単射が存在するであろうか？」という問題への解答である．

6.4.1　カントールの対角線論法

定理 6.30　自然数全体の集合 $\mathbb{N}$ から開区間 $(0,1)$ への全射は存在しない．

証明　$\mathbb{N}$ から $(0,1)$ への任意の写像 $f\colon \mathbb{N} \longrightarrow (0,1)$ が全射でないことを示せばよい．$\mathbb{N}$ の各元 n に対して，$f(n)$ は開区間 $(0,1)$ に属している実数なので，10 進法で無限小数に展開して

$$f(n) = 0.a_{n1}a_{n2}a_{n3}\cdots \quad (a_{ni} \text{は } 0 \text{ から } 9 \text{ までの整数})$$

と表せる．ただし，有限小数はあるところから全て 0 が無限に並んでいると考える：

$$0.a_{n1}a_{n2}\cdots a_{nk} = 0.a_{n1}a_{n2}\cdots a_{nk}000000000\cdots .$$

さて，ここで f の値域の実数を次のように縦に並べて書いてみる．そしてアン

ダーラインをした所に着目する.

$$f(1) = 0.\underline{a_{11}}a_{12}a_{13}\cdots a_{1n}\cdots$$
$$f(2) = 0.a_{21}\underline{a_{22}}a_{23}\cdots a_{2n}\cdots$$
$$f(3) = 0.a_{31}a_{32}\underline{a_{33}}\cdots a_{3n}\cdots$$
$$\cdots\cdots$$
$$f(n) = 0.a_{n1}a_{n2}a_{n3}\cdots \underline{a_{nn}}\cdots$$
$$\cdots\cdots$$

このとき, 各自然数 n に対し, $0, 9, a_{nn}$ のいずれとも異なる 1 から 8 までの整数を 1 つ選び b_n とし, 無限小数

$$b = 0.b_1b_2b_3b_4\cdots\cdots$$

を考える. (例えば, $a_{nn} = 1$ ならば $b_n = 2$, $a_{nn} \neq 1$ ならば $b_n = 1$ とする.) すると, すべての $n \in \mathbb{N}$ に対して $b \neq f(n)$ である. なぜならば, $b_n \neq a_{nn}$ なので b と $f(n)$ は小数第 n 桁が違うからである. 一方, $b_n \neq 0, 9$ なので $b \in (0,1)$ である. すなわち, 開区間 $(0,1)$ に属する実数で写像 $f\colon \mathbb{N} \longrightarrow (0,1)$ の像に含まれない実数が存在したことになる. したがって f は全射でない. ∎

上の証明法を**カントール (Cantor) の対角線論法**と呼ぶ. 数多い数学の証明法の中でも大発明の 1 つである.

注意 6.1 有限小数 0.2 は上の無限小数としての表し方では $0.200000\cdots$ とあらわしたが, 無限小数 $0.199999\cdots$ も有限小数 0.2 を表している. なぜなら

$$0.2 - 0.19999\cdots = 0$$

だからである. したがって, 2 つの小数がある桁で異なっているからと言って, この 2 つの小数が表わす実数が異なるとは一般には言えない. すなわち, $b_n \neq a_{nn}$ だからと言って, $b \neq f(n)$ とは必ずしも言えない. 上の議論では $b_n \neq 0, 9, a_{nn}$ ととることで, この難点を避けている.

上の定理から次の著しい定理が得られる．

定理 6.31 (Cantor) 自然数全体の集合 $\mathbb{N}$ と実数全体の集合 $\mathbb{R}$ の間に全単射は存在しない．

証明 背理法で証明する．すなわち，$\mathbb{N}$ と $\mathbb{R}$ の間に全単射があると仮定して矛盾を導く．$f: \mathbb{N} \longrightarrow \mathbb{R}$ を全単射とする．一方，$\mathbb{R}$ と開区間 $(0,1)$ の間には全単射があるから (問題 2.35 (2))，その 1 つを任意に選んで $g: \mathbb{R} \longrightarrow (0,1)$ とする．すると，合成写像 $g \circ f: \mathbb{N} \longrightarrow (0,1)$ は，2 つの全射の合成写像だから，全射となり前定理と矛盾する．■

この定理を何度もじっくりと "お経" のように読むと，「無限」にも違いがあること，そしてそれが写像という概念によりとらえられたことを実感できるであろう．これが「実数全体は $1,2,3,\cdots$ と番号付けしきれない」ということである．

定義 6.32 自然数全体の集合 $\mathbb{N}$ の濃度 $\sharp \mathbb{N}$ を**可算濃度**とよび，記号 $\aleph_0$ で表す．また，実数全体の集合 $\mathbb{R}$ の濃度 $\sharp \mathbb{R}$ を**連続濃度**といい，記号 $\aleph$ で表す．$\aleph$ はヘブライ文字のアルファベットの最初の文字で，アレフと読む．ギリシャ文字の α，英語の a に相当する．

$$\aleph_0 = \sharp \mathbb{N}, \quad \aleph = \sharp \mathbb{R}.$$

例 6.33 (1) 偶数全体の集合，整数全体の集合，さらに有理数全体の集合の濃度はすべて可算濃度 $\aleph_0$ である．
(2) 開区間，閉区間，半開区間の濃度は全て連続濃度 $\aleph$ である．
(3) 直積集合 $\mathbb{R} \times \mathbb{R}$ の濃度は連続濃度 $\aleph$ である．

6.4.2 無限濃度の大小関係

濃度を元の多さと考えると，自然数全部の多さ $\aleph_0$ と実数全部の多さ $\aleph$ はどちらも同じ無限であるが，「異なる無限」であることがわかった．それでは，どちらの無限の方が「大きい」のであろうか．もし，無限にも大小関係があると

すると，$\mathbb{N}$ は $\mathbb{R}$ の部分集合なので $\aleph$ の方が $\aleph_0$ より大きいと考えるのが自然であろう．それで $\aleph_0 < \aleph$ と考えてよさそうに思う．

しかし，$\mathbb{N}$ は $\mathbb{Z}$ の真部分集合であるが $\sharp\mathbb{N} = \sharp\mathbb{Z}$ であったので，集合 A が X の真部分集合であっても，必ずしも $\sharp A < \sharp X$ とは言えない．そこで，次のように仮に定義してみよう．

▶▶ **仮の定義** A が X の部分集合のとき，$\sharp A \leq \sharp X$ と定める．$\sharp A \leq \sharp X$ で $\sharp A \neq \sharp X$ のとき，$\sharp A < \sharp X$ と定める．

上のように定義したとき，必ずしも部分集合の関係にはない集合 X, Y の間に単射 $f\colon X \longrightarrow Y$ があるとき，濃度 $\sharp X, \sharp Y$ の大小関係を考えてみよう．単射 f による X の像 $f(X)$ は Y の部分集合である．したがって $\sharp f(X) \leq \sharp Y$ である．一方，単射 f を X から $f(X)$ への写像と考えると，写像 $f\colon X \longrightarrow f(X)$ は X から $f(X)$ への全単射である．したがって $\sharp X = \sharp f(X)$ である．したがって，集合 X から集合 Y への単射 $f\colon X \longrightarrow Y$ があるとき，$\sharp X \leq \sharp Y$ となる．そこで次のように正式に定義する．

定義 6.34 集合 X から集合 Y への単射があるとき，$\sharp X \leq \sharp Y$ と定める．$\sharp X \leq \sharp Y$ ではあるが $\sharp X \neq \sharp Y$，すなわち X から Y への全単射は存在しないとき，$\sharp X < \sharp Y$ と定める．

さて，上の定義とカントールの定理により，$\aleph_0 < \aleph$ である．それでは，$\aleph$ より大きい濃度はあるのだろうか．すなわち，$\aleph < \sharp X$ となる集合 X はあるのであろうか．それに答えるためにまず次の定理を証明しよう．この定理は大変重要である．有限集合に対しては元の個数を考えることによりすぐにわかることであるが，無限集合に対して証明しようとするととても難しい．まず自分で工夫してみることである．

定理 6.35 (Cantor) 任意の集合 X に対して，X から X の冪集合 2^X への全射は存在しない．

証明 全射 $f\colon X \longrightarrow 2^X$ が存在すると仮定して矛盾を導く．

$x \in X$ に対して $f(x)$ は X の部分集合だから $x \in f(x)$ または $x \notin f(x)$ の

どちらかである．そこで
$$Y := \{x \in X \mid x \notin f(x)\}$$
とおく．これは X の部分集合，すなわち $Y \in 2^X$ である．f は全射と仮定したから $f(z) = Y$ となる $z \in X$ が存在する．このとき，$z \in Y$ または $z \notin Y$ のいずれかであるが，Y の定義に注意すると，
$$z \in Y \iff z \notin f(z) \iff z \notin Y$$
となり矛盾する．ここで最初の $\iff$ は Y の定義から得られ，後の $\iff$ は $Y = f(z)$ ということから得られる．∎

この定理から直ちに次の定理を得る．

定理 6.36 (Cantor) 任意の集合 X に対して，不等式 $\sharp X < \sharp 2^X$ がなりたつ．

証明 写像 $i \colon X \longrightarrow 2^X$ を $i(x) = \{x\}$ で定義する．すると，$i \colon X \longrightarrow 2^X$ は単射である．したがって，濃度の大小関係の定義より $\sharp X \leq \sharp 2^X$ となる．一方，カントールの定理 (定理 6.35) より，X から 2^X への全射は存在しないので，X から 2^X への全単射も存在しない．したがって，$\sharp X \neq \sharp 2^X$．ゆえに $\sharp X < \sharp 2^X$ となる．∎

系 6.37 $\aleph = \sharp \mathbb{R} < \sharp 2^{\mathbb{R}}$．

カントールの定理を $\mathbb{N}$ に対して繰り返し適用すると，いくらでも大きい濃度の集合を作ることができる．

$$\aleph_0 = \sharp \mathbb{N} < \sharp 2^{\mathbb{N}} < \sharp 2^{2^{\mathbb{N}}} < \sharp 2^{2^{2^{\mathbb{N}}}} < \cdots.$$

6.4.3 無限濃度に関するいくつかの疑問

無限濃度の大小関係に関して，みなさんはいろいろと知りたくなったことと思う．それらのなかで，「濃度の大小関係は実数の大小関係と同じ性質を満たすであろうか？」という疑問を考えてみよう．たとえば

(1) $\sharp X \leq \sharp Y$ かつ $\sharp Y \leq \sharp X$ ならば, $\sharp X = \sharp Y$ となるか.

という疑問については「えっ！ 当たり前ではないの？」と思う人もいるかもしれない．しかし，濃度の大小関係の定義に戻って，単射，全単射の言葉で上の疑問をかき直すと，

(1') X から Y への単射が存在しかつ Y から X への単射が存在するならば，X から Y への全単射が存在するか？

となり，これは正しく **Cantor-Bernstein** の定理 (p.38) であることがわかる．そしてこれを証明することは非常に難しいことであった．さて，同様に，次の 2 つの疑問を考えてみよう．

(2) 2 つの集合 X と Y が与えられたとき，必ず

$$\sharp X < \sharp Y, \quad \sharp X = \sharp Y, \quad \sharp Y < \sharp X$$

のいずれかの関係がなりたつか？

(3) $\sharp X < \sharp Z$ のとき, $\sharp X < \sharp Y < \sharp Z$ となる集合 Y は存在するか？

実数の大小関係の場合は，この (2) も (3) もなりたつ．しかし，(1) が難しいといわれると，皆さんも用心深くなって，わからなくなったと思うかもしれない．実は (2) や (3) はとても難しい問題なのである．

(2) については，実は

「2 つの濃度に対しては，(2) の 3 つのうちのただ 1 つだけが必ずなりたつ[10]」

という命題と「選出公理」とは同値なのである．

(3) については，Cantor 自身は $\sharp \mathbb{N}$ と $\sharp \mathbb{R}$ の中間の濃度は存在しないと考えて，一生懸命に証明しようとしたが成功しなかった．これを **Cantor の連続体仮説 (continuum hypothesis)** という．

---

[10] これを **基数 3 分律 (Trichotomy of cardinals)** ということがある.

6.5　選出公理, 整列定理, Zorn の補題

これまでに選出公理や整列定理について話してきたが, ここではそれらの話題の締めくくりとして「選出公理, 整列定理, Zorn の補題」の 3 つが互いに同値であることを証明する. これは難しいことであるが, 数学の問題として「無限」に真正面から取り組んで得られた先人達の努力の結晶であり, 長い数学の歴史において真に特筆すべきことの 1 つであるから, 是非一度は読んでみてほしい.

順序集合 $(X, \preceq)$ の全順序部分集合を**鎖 (chain)** という. すなわち, 順序集合 $(X, \preceq)$ の部分集合 C について, $x, y \in C$ ならば $x \preceq y$, または $y \preceq x$ のどちらかが必ずなりたつとき C を鎖という.

次の主張を **Zorn (ツォルン) の補題 (Zorn's lemma)** という[11].

補題 6.38 (Zorn's lemma)　順序集合 $(X, \preceq)$ の任意の鎖が上界をもつならば, X は極大元をもつ.

まず, 準備として幾つかの命題を証明しよう.

命題 6.39　$(X, \preceq)$ を整列集合とする. $f : X \longrightarrow X$ が順序を保つ単射ならば, 任意の $x \in X$ に対して $x \preceq f(x)$ である. さらに, f が順序同型写像ならば $f = 1_X$ (X の恒等写像) である. すなわち, 任意の $x \in X$ に対して $f(x) = x$ がなりたつ.

証明　$F := \{x \in X \mid f(x) \prec x\}$ とし, $F \neq \emptyset$ と仮定する. X は整列集合だから F に最小元が存在する. $x_0 := \min F$ とする. $f(x_0) \prec x_0$ だから $f(x_0) \notin F$ である. すると $f(x_0) \preceq f(f(x_0))$ であるが, f は順序を保つ単射であるから $f(f(x_0)) \prec f(x_0)$ である. したがって,

$$f(x_0) \preceq f(f(x_0)) \prec f(x_0)$$

となり, 矛盾である. さらに, f が順序同型写像ならば逆写像 f^{-1} も順序を保

---

[11]「補題」というのも, 整列定理と呼んだのと同様に歴史的経緯による.

つから, 任意の $x \in X$ に対して $x \preceq f^{-1}(x)$ である. すると,
$$f(x) \preceq f(f^{-1}(x)) = x$$
であるから, 任意の $x \in X$ に対して, $f(x) = x$ となる. ∎

問題 6.16 2 つの整列集合 $(X, \preceq_X)$ と $(Y, \preceq_Y)$ が順序同型ならば, X から Y への順序同型写像はただ 1 つだけであることを示せ.

命題 6.40 $(X, \preceq)$ を整列集合とする. 任意の $x, x' \in X$ に対して, 次がなりたつ.

(1) $X \not\simeq X_{(x)}$,
(2) $x \neq x' \implies X_{(x)} \not\simeq X_{(x')}$.

証明 ある $x \in X$ に対して, X から切片 $X_{(x)}$ への順序同型写像が存在すると仮定し, $f : X \longrightarrow X_{(x)}$ を順序同型写像とする. $f(x) \in X_{(x)}$ だから $f(x) \prec x$ となる. これは命題 (6.39) に反する. ∎

問題 6.17 命題 6.40 (2) を証明せよ.

命題 6.41 $(X, \preceq_X), (Y, \preceq_Y)$ を 2 つの整列集合とする. このとき次の (1), (2), (3) のうち, ただ 1 つだけが必ずなりたつ.

(1) $X \simeq Y$,
(2) $\exists x \in X$ s.t. $X_{(x)} \simeq Y$,
(3) $\exists y \in Y$ s.t. $X \simeq Y_{(y)}$.

証明 $m_X := \min X, m_Y := \min Y$ とし, X の部分集合 S を
$$S := \{x \in X \mid X_{(x)} \simeq Y_{(y)} \text{ for some } y \in Y\}$$
と定義する. $X_{(m_X)} = \varnothing = Y_{(m_Y)}$ であるから $m_X \in S$. したがって, $S \neq \varnothing$ である.

$x \in S$ のとき, $X_{(x)} \simeq Y_{(y)}$ となる $y \in Y$ は一意的に決まる. 実際, $y, y' \in Y$ に対して, $X_{(x)} \simeq Y_{(y)}, X_{(x)} \simeq Y_{(y')}$ ならば $Y_{(y)} \simeq Y_{(y')}$ となり, 命題 6.40

(2) より, $y = y'$ となる. そこで, $x \in S$ に対して $X_{(x)} \simeq Y_{(y)}$ をみたす $y \in Y$ を対応させることにより, 写像 $f : S \longrightarrow Y$ が得られる. このとき, 次のことがなりたつ:

(1) $x \in S$ ならば $X_{(x)} \subset S$,
(2) $x \in S$ ならば $f|_{X_{(x)}} : X_{(x)} \longrightarrow Y_{(f(x))}$ は順序同型写像である,
(3) $f : S \longrightarrow Y$ は順序を保つ単射である,
(4) $S \neq X$ ならば, $x_0 := \min(X - S)$ とおくと, $S = X_{(x_0)}$ である.

実際, $x \in S$ とし, $X_{(x)}$ から $Y_{(f(x))}$ への順序同型写像を $h : X_{(x)} \longrightarrow Y_{(f(x))}$ とすると, $z \in X_{(x)}$ ならば h を切片 $X_{(z)}$ に制限した写像 $h|_{X_{(z)}} : X_{(z)} \longrightarrow Y_{(h(z))}$ は順序同型であるから, $z \in S$ となり, また写像 f の定義より $h(z) = f(z)$ である. したがって, $X_{(x)} \subset S$ と $f|_{X_{(x)}} = h$ がなりたち, (1) と (2) がわかる.

(4) については, 次のようにしてわかる. $x \in X_{(x_0)}$ ならば, $x \prec x_0$ だから, $x \notin X - S$. ゆえに $x \in S$. したがって, $X_{(x_0)} \subset S$. 逆に, $x \in S$ ならば, $X_{(x)} \subset S$ であるから, $X - S \subset X - X_{(x)}$. すると,

$$x = \min(X - X_{(x)})$$
$$\preceq \min(X - S)$$
$$= x_0.$$

$x_0 \notin S$ だから, $x \prec x_0$. すなわち, $x \in X_{(x_0)}$. ゆえに $S \subset X_{(x_0)}$ となる.

さて, 命題の証明に戻ろう. (i) $S = X$ と (ii) $S \neq X$ の 2 つの場合に分けて考える.

(i) の場合. $f(X) = Y$ ならば $f : X \longrightarrow Y$ は順序を保つ全単射であるから, X と Y は順序同型となる. そこで, $f(X) \neq Y$ とする.

$y_0 := \min(Y - f(X))$ とおくと $Y_{y_0} = f(X)$ がなりたつ. まず (4) の証明と同様にして, $Y_{(y_0)} \subset f(X)$ がわかる.

$Y_{y_0} \supset f(X)$ については次のようにしてわかる. $x \in X$ に対して $y_0 \preceq f(x)$ ならば, $y_0 \notin f(X)$ だから, $y_0 \prec f(x)$. すなわち, $y_0 \in Y_{(f(x))}$. すると, $f|_{X_{(x)}} : X_{(x)} \longrightarrow Y_{(f(x))}$ は順序同型写像であるから, $y_0 \in f(X)$ となり y_0 の定め方と

矛盾する．ゆえに $f(x) \prec y_0$. すなわち，$f(x) \in Y_{(y_0)}$. このことは任意の $x \in X$ についてなりたつから，$f(X) \subset Y_{(y_0)}$ となる．したがって，$f(X) = Y_{(y_0)}$ が示せた．よって，

$$f : X \xrightarrow{\simeq} Y_{(y_0)}$$

となり，X は Y の切片に順序同型であることがわかる．

(ii) の場合．$x_0 := \min(X - S)$ とおくと，(4) より，$S = X_{(x_0)}$ である．ここで，$f(X_{(x_0)}) \neq Y$ と仮定すると，(i) の場合の証明により，

$$f|_{X_{(x_0)}} : X_{(x_0)} \xrightarrow{\simeq} Y_{(y_0)}$$

であることがわかる．ただし，$y_0 := \min(Y - f(X_{(x_0)}))$ とする．

すると，$x_0 \in S$ となり x_0 の定め方に矛盾する．ゆえに $f(X_{(x_0)}) = Y$. したがって，

$$f|_{X_{(x_0)}} : X_{(x_0)} \xrightarrow{\simeq} Y$$

となり，Y は X の切片に順序同型であることがわかる．∎

問題 6.18 (1) 命題 6.41 の (1), (2), (3) は，2 つ以上が同時になりたつことはない．このことを証明せよ（ヒント：命題 6.40 を使う）．

(2) 命題 6.41 の証明の中に出てきた性質 (3) を証明せよ．

いよいよ主定理の証明に取り掛かろう．

定理 6.42 次の 3 つの主張は互いに同値である．

(1) (AC) 選出公理，
(2) (WO) 整列定理，
(3) (ZL) Zorn の補題．

証明 (WO) $\Longrightarrow$ (AC) $\Longrightarrow$ (ZL) $\Longrightarrow$ (WO) という順で証明する．

(I) (WO) $\Longrightarrow$ (AC)

X は順序関係 $\preceq_X$ に関して整列集合になっているとする．このとき，X の空でない任意の部分集合 S に対して最小元 $\min(S)$ が存在する．そこで，

$$\varphi : 2^X - \{\emptyset\} \longrightarrow X \text{ を } \varphi(S) := \min(S) \quad (S \in 2^X - \{\emptyset\})$$

と定義すれば, φ は X の選出写像である.

(II) (AC) $\Longrightarrow$ (ZL)

$(X, \preceq)$ を順序集合とする. 空集合は鎖であるから, この鎖にも上界があるということより X は空集合でない. X の部分集合 Y に対して

$$\overline{Y} := \{x \in X \mid y \prec x \text{ for } {}^\forall y \in Y\}$$

と定義する.

$\phi : 2^X - \{\emptyset\} \longrightarrow X$ を選出写像とし, $x_0 := \phi(X)$ とする. ここで, つぎの 3 条件をみたす X の部分集合 Z 全体の族 $\mathscr{F}$ について考えよう:

(1) Z は整列集合である.
(2) $\min Z = x_0$.
(3) 任意の $x \in Z$ に対して, $x \neq x_0$ ならば $\phi(\overline{Z_{(x)}}) = x$.

ただし, $Z_{(x)} := X_{(x)} \cap Z$ とする.

$\{x_0\} \in \mathscr{F}$ であるから $\mathscr{F}$ は空集合ではない[12]. $Z, Z' \in \mathscr{F}$ ならば, 命題 6.41 より, Z と Z' は順序同型であるか, 一方が他方の切片に順序同型になっている. たとえば順序同型になっているとして, $f : Z \longrightarrow Z'$ を順序同型写像としよう. このとき,

任意の $x \in Z$ に対して $f(x) = x$ (すなわち, $Z = Z'$ で $f = 1_Z$)

が成り立つ. これを超限帰納法により証明してみよう.

まず, 部分集合族 $\mathscr{F}$ についての条件 (2) により, $x_0 = \min Z = \min Z'$ で, f は順序同型写像なのだから, $f(x_0) = x_0$ である. 次に, $x \in Z$ ($x \neq x_0$) に対して, f を切片 $Z_{(x)}$ に制限した写像 $f|_{Z_{(x)}}$ について $f|_{Z_{(x)}} = 1_{Z_{(x)}}$ であると仮定する. すると $Z_{(x)} = Z'_{(f(x))}$ であるから, $\mathscr{F}$ についての条件 (3) により,

$$x = \phi\left(\overline{Z_{(x)}}\right) = \phi\left(\overline{Z'_{(f(x))}}\right) = f(x)$$

---

[12] ただ 1 つの x_0 だけを元とする集合 $\{x_0\}$ は確かに整列集合であり, $\min\{x_0\} = x_0$ である. すなわち, 条件 (1), (2) をみたす. 条件 (3) は x_0 以外の元についての条件であり, 集合 $\{x_0\}$ にはそのような元は存在しないのだからこの条件もみたされている.

となる．したがって，任意の $x \in Z$ に対して $f(x) = x$ が成り立つ．

同様にして，一方が他方の切片に順序同型であるときは，実は，一方が他方の切片そのものになっていることがわかる．すなわち，次のことがわかった：

「$\mathscr{F}$ に属している 2 つの部分集合は，等しいかあるいは一方が他方の切片である．」

このことから，$\mathscr{F}$ に属している部分集合全体の和集合 $\tilde{Z} := \bigcup_{Z \in \mathscr{F}} Z$ も整列集合 $^{(1)}$ で，部分集合族 $\mathscr{F}$ に属している $^{(2)}$ ことがわかる．したがって，$\tilde{Z}$ は条件 (1), (2), (3) をみたす X の部分集合の中で，包含関係に関して最大の部分集合である．$\tilde{Z}$ は空でない鎖であるから，仮定により，X の中に $\tilde{Z}$ の上界が存在する．$\overline{\tilde{Z}} = \varnothing$ であることを示そう．$\overline{\tilde{Z}} \neq \varnothing$ と仮定する．$\phi(\overline{\tilde{Z}}) = x^*$ とし，$Z^* := \tilde{Z} \cup \{x^*\}$ とおく．Z^* は条件 (1), (2) をみたす．さらに，$x^* \in \overline{\tilde{Z}}$ より，$Z^*_{(x^*)} = \tilde{Z}$ であるから，

$$\phi(\overline{Z^*_{(x^*)}}) = \phi\left(\overline{\tilde{Z}}\right) = x^*$$

となる．このことから，Z^* は条件 (3) もみたすことがわかる．したがって，Z^* は部分集合族 $\mathscr{F}$ に属している．ところが $\tilde{Z}$ は Z^* の真部分集合であるから，これは $\tilde{Z}$ の最大性に反する．これで $\overline{\tilde{Z}} = \varnothing$ が示せた．すなわち，$\tilde{Z}$ の X における上界は $\tilde{Z}$ の最大元だけなのである．したがって，この最大元は X の極大元にもなっている．

(III) (ZL) $\Longrightarrow$ (WO)

空集合に対しては証明することは何もないから，X を空でない集合とする．X の部分集合 Z で整列集合 $(Z, \preceq_Z)$ であるもの全体の族を $\mathscr{O}$ とする：

$$\mathscr{O} := \{(Z, \preceq_Z) \mid Z \text{ は } \preceq_Z \text{ に関して整列集合}\}.$$

1 つの元だけからなる部分集合は整列集合であるから，$\mathscr{O} \neq \varnothing$ である．そこで $(Z, \preceq_Z), (Z', \preceq_{Z'}) \in \mathscr{O}$ に対して，

$$(Z, \preceq_Z) \preceq_{\mathscr{O}} (Z', \preceq_{Z'}) \overset{\text{def}}{\iff} (Z, \preceq_Z) \text{ は } (Z', \preceq_{Z'}) \text{ の整列部分集合}$$

と定義する．このとき，

$$(\mathscr{O}, \preceq_{\mathscr{O}})$$

は順序集合となる．$\mathscr{O}$ の任意の鎖 C に対して，C に属している部分集合全体の和集合 $Z' := \bigcup_{Z \in C} Z$ に自然に順序関係 $\preceq_{Z'}$ が定義できて，$(Z', \preceq_{Z'})$ は C の上界になる [(1)]．したがって，Zorn の補題により，極大元 $(\tilde{Z}, \preceq_{\tilde{Z}})$ が存在する．このとき，$\tilde{Z} = X$ である．実際，$x^* \in X - \tilde{Z}$ ならば

$$Z^* := \tilde{Z} \cup \{x^*\}, \quad z \preceq_{Z^*} x^* \text{ for } {}^\forall z \in \tilde{Z}$$

と定義すれば $(Z^*, \preceq_{Z^*})$ は整列集合で

$$(\tilde{Z}, \preceq_{\tilde{Z}}) \prec_{\mathscr{O}} (Z^*, \preceq_{Z^*})$$

となる．これは $(\tilde{Z}, \preceq_{\tilde{Z}})$ の極大性に反する．したがって，$X = \tilde{Z}$ で X 自身が整列集合になることがわかる．■

問題 6.19 上の証明 (II) の中の (1), (2) 及び (III) の中 (1) を証明せよ．

第 7 章

自然数 (付録 2)

—— 数とは何か？ 何であるべきか？ (デデキント)

　自然数 $1, 2, 3, \cdots$ は，ものの個数を数えたり，順番を示すために文字どおり自然発生的に生まれてきた．そして，人々は"数"という概念の便利さ，それが持つ様々な神秘的性質と世界に魅了され，これを数学という学問に育てた．しかし，数学は数の哲学的な意味については問題にしないし答えられない．それらの性質，それらの間の関係を研究する．たとえば，1 (いち) と呼ばれる自然数がありその後に次々と自然数が続いていくが，1 とは何か？ どうして続くのか？ と問われても返答に窮する．ペアノ (Peano, 1858～1932) はこれらを自然数の体系の公理とした．ここではペアノの公理と呼ばれる公理系から，自然数の体系を論理的に構成してみよう．すなわち，この公理系から自然数の加法，乗法，大小関係を定義し，普段当然のこととして用いている演算および大小関係の諸法則を導き出そう．

7.1　自然数とは

▶▶ ペアノの公理系 (自然数の公理)
(1) 1 は自然数である．
(2) 各自然数 n には，その次の自然数と呼ばれる自然数 n' がただ 1 つ存在する．
(3) n が自然数ならば $n' \neq 1$.
(4) $n' = m'$ ならば $n = m$ である．

(5) 自然数全体の集合 $\mathbb{N}$ の部分集合 M について,
　(i) $1 \in M$,
　(ii) $n \in M$ ならば $n' \in M$ がなりたつ
　　ならば $M = \mathbb{N}$ である.

これら (1) から (5) までは証明なしで認めることにする. そして, これを**ペアノの公理系**という. この公理だけから自然数の理論を展開してみよう.

ペアノの公理系は, 写像の概念を用いると次のように簡明に表現できる：

(P-1) $1 \in \mathbb{N}$ である.

(P-2) 単射な写像 $\varphi : \mathbb{N} \longrightarrow \mathbb{N}$ で $1 \notin \varphi(\mathbb{N})$ をみたすものが存在する.

(P-3) $\mathbb{N}$ の部分集合 M について, (i) $1 \in M$, (ii) $n \in M$ ならば $\varphi(n) \in M$ がなりたつならば $M = \mathbb{N}$ である.

$\varphi(n) = n'$ で, これは $n+1$ を想定しているが, ペアノの公理系の中に"和" $+$ はないのでこの時点では $n+1$ は意味がない. また, 記号 φ を使うと煩雑になるので,

$$1'' := (1')' = \varphi(\varphi(1)) = (\varphi \circ \varphi)(1),$$
$$1''' := (\varphi \circ \varphi \circ \varphi)(1), \cdots$$

と表す. 普段, 私たちは $1'$ を 2, $1''$ を 3, $1'''$ を $4 \cdots$ などと表している. これにならって, 今後このテキストでもこのように略記することがある.

ペアノの公理系の (5) はとくに, **帰納法の公理**とも呼ばれ, 高校で習った"数学的帰納法"という証明法は, (5) をそのよりどころにしている. このことについてはまたあとでふれることにして, しばらく自然数そのものについてながめてみよう.

ペアノの公理系によって自然数が規定されているわけだが, 自然数全体 $\mathbb{N}$ は次のように表すことができる.

定理 7.1 $\mathbb{N} = \{1, 1', 1'', 1''', \cdots\}$ である.

証明 $M = \{1, 1', 1'', 1''', \cdots\}$ とおく. 明らかに $1 \in M$ であり, $M \subset \mathbb{N}$ で

ある．$x \in M$ とすると，$x = 1^{''\cdots'}$ なので，$x' = (1^{''\cdots'})' = 1^{''\cdots''} \in M$ がなりたつ．よって帰納法の公理 (5) により $M = \mathbb{N}$ となる． ∎

7.2 自然数の足し算

ここでは自然数の集合 $\mathbb{N}$ に足し算 (加法) を定め，いくつかの性質を導こう．

定義 7.2 (足し算とは)　$f\colon \mathbb{N} \longrightarrow \mathbb{N}$ という対応 (写像) が 2 つの性質：
(1) $f(x') = (f(x))'$,
(2) $f(1) \neq 1$
をみたすとき写像 f を "足し算" という．

このような性質をみたす写像が存在するのだろうか？

命題 7.3 (足し算の存在)　上の定義をみたす足し算 (写像) が少なくとも 1 つは存在する．

証明　たとえば $f\colon \mathbb{N} \longrightarrow \mathbb{N}$ として $f(x) = x'$ (x に対してその次の自然数を対応させる) を考えると，この f は足し算になっている．実際，$f(x') = (x')' = (f(x))'$ であり，$f(1) = 1' \neq 1$ (ペアノの公理 (4)) である． ∎

これでとりあえず足し算が少なくとも 1 つは存在することがわかった．

命題 7.4　$f, g\colon \mathbb{N} \longrightarrow \mathbb{N}$ を足し算とする．$f(1) = g(1)$ ならば $f = g$ (すなわち，任意の $x \in \mathbb{N}$ に対して $f(x) = g(x)$) がなりたつ．

証明　自然数全体 $\mathbb{N}$ のうち $f(x) = g(x)$ となるような x を全部集めてきたものを M とおく．集合の記号を使って書けば，$M = \{x \in \mathbb{N}\colon f(x) = g(x)\}$．すべての x に対して $f(x) = g(x)$ をいうには，$M = \mathbb{N}$ であることを示せばよい．帰納法の公理 (ペアノの公理の (5)) を用いて $M = \mathbb{N}$ を示そう．そのためには (i) $1 \in M$, (ii) $x \in M$ ならば $x' \in M$ を示せばよい．

(i) $f(1) = g(1)$ と仮定されているので M の定義より，$1 \in M$ となる．

(ii) $x \in M$, すなわち $f(x) = g(x)$ とする．このとき足し算の定義から $f(x') = (f(x))' = (g(x))' = g(x')$ がわかる．この式の両端をみると，$f(x') = g(x')$ となっているので，M の定義より $x' \in M$ がわかる．こうして，$x \in M$ ならば $x' \in M$ が示された．したがって，帰納法の公理 (ペアノの公理 (5)) により $M = \mathbb{N}$ である．∎

命題 7.3 により，少なくとも 1 つは足し算が存在することは保証されている．次の命題は 1 つの足し算から新しい足し算が得られることを示している．

命題 7.5 $f\colon \mathbb{N} \longrightarrow \mathbb{N}$ を足し算とする．このとき $g\colon \mathbb{N} \longrightarrow \mathbb{N}$ を $g(x) = f(x')$ で定めると g も足し算になる．

証明 g が足し算であることをいうには，g が足し算の定義にある 2 つの性質をみたすことを示せばよい．$g(x') = f((x')') = (f(x'))' = (g(x))'$ であり，最初の性質をみたしている．またペアノの公理 (4) より $g(1) = f(1') = (f(1))' \neq 1$. である．したがって，$g$ も足し算になっている．∎

上の"足し算"の定義は皆さんがよく知っている"足し算"とはまったく別物のように思えるかもしれない．これら 2 つの足し算の関係をみていこう．

命題 7.3 の証明で示した 1 つの足し算 $f\colon \mathbb{N} \longrightarrow \mathbb{N}$, $(f(x) = x')$ を f_1 と表す．次にこの f_1 を用いて $f_2\colon \mathbb{N} \longrightarrow \mathbb{N}$ を $f_2(x) = f_1(x')$ と定めると，命題 7.5 により，$f_2\colon \mathbb{N} \longrightarrow \mathbb{N}$ も足し算になる．以下同様にして $f_3(x) = f_2(x'), \cdots, f_{n'}(x) = f_n(x')$ として次々に足し算が得られる (ここで $1' = 2, 1'' = 3, \cdots$ などと略記している)．

問題 7.1 $f_n(1) = n'$ であることを示し，$m \neq n$ のとき $f_m \neq f_n$ であることを示せ．

こうして自然数全体 $\mathbb{N}$ 上に無限個の足し算が存在することがわかったが，実は足し算はこれらしかないことがわかる．

命題 7.6 $\varphi\colon \mathbb{N} \longrightarrow \mathbb{N}$ が足し算のとき，ある n に対して，$\varphi = f_n$ である．

証明 φ が足し算であるから, $\varphi(1) \neq 1$ であり, 定理 7.1 より $\varphi(1) = n'$ となる自然数 n が存在する. 一方, $f_n(1) = n' = \varphi(1)$ なので, 命題 7.4 から $\varphi = f_n$ であることがわかる. ∎

ここで記号 "+" の使い方について次の約束をする：

▶▶ **約束** $f_1(x)$ を慣れ親しんだ記号で $x+1$ と表し, $f_2(x)$ を $x+2$ と表すことにする ($f_1(x) = x'$ だったので $x' = x+1$ となる). 一般に $f_n(x)$ を $x+n$ と表すことにする.

命題 7.7 すべての足し算 f_n について,

$$\text{任意の } m \in \mathbb{N} \text{ に対して } f_n(m) \neq n$$

がなりたつ.

証明 $M = \{x \in \mathbb{N} \mid f_x(m) \neq x \text{ for } {}^\forall m \in \mathbb{N}\}$ とおく. 命題を示すには $M = \mathbb{N}$ を証明すればよい. 帰納法の公理を用いてこれを示そう.

(i) $1 \in M$ であること.

$f_1(m) = m'$ であり, ペアノの公理 (4) より $m' = 1$ となるような $m \in \mathbb{N}$ は存在しないので, $f_1(m) \neq 1$. ゆえに $1 \in M$.

(ii) $x \in M$ ならば $x' \in M$ であること.

$x \in M$ とし, $x' \notin M$ すなわち $f_{x'}(m) = x'$ であると仮定する. このとき $x' = f_{x'}(m) = f_x(m') = (f_x(m))'$ となる. ペアノの公理 (3) より $f_x(m) = x$ となるが, これは $x \notin M$ を意味し, $x \in M$ に矛盾する. よって $x' \in M$ がなりたつ. したがって $M = \mathbb{N}$ である. ∎

次に誰もが普段から何の疑いもなく用いている足し算の交換法則についてみてみよう. 足し算の交換法則とは $2+3 = 3+2$ というように足し算の順番を交換してもかまわないという性質であり, 一般に $m+n = n+m$ と述べられ, これは $f_n(m) = f_m(n)$ という形で述べることができる.

定理 7.8 (足し算の交換法則) 足し算は交換法則 $f_n(m) = f_m(n)$ をみたす.

証明 n について足し算の交換法則をみたしている自然数全体 $\{x \in \mathbb{N}\colon f_n(x) = f_x(n)\}$ を M とおく．帰納法の公理を用いて $M = \mathbb{N}$ となることを示そう．

(i) $1 \in M$ であること．

f_1 の定め方から $f_1(n) = n'$ である．また問題 7.1 により $f_n(1) = n'$ であり，1 に対しては $f_n(1) = f_1(n)$ がなりたっているので $1 \in M$ である．

(ii) $x \in M$ ならば $x' \in M$ であること．

$x \in M$ なので $f_n(x) = f_x(n)$ である．したがって

$$f_n(x') = (f_n(x))'$$
$$= (f_x(n))'$$
$$= f_x(n')$$
$$= f_{x'}(n)$$

となり，x' も M に属すことがわかった．

以上より帰納法の公理から $M = \mathbb{N}$ となる．■

足し算の交換法則と同様に，買い物等をした際に無意識に頭の中で行っている性質に足し算の結合法則 $l + (m + n) = (l + m) + n$ がある（たとえば 760 円 + 500 円 = 760 円 + (240 円 + 260 円) = (760 円 + 240 円) + 260 円 = 1260 円といった具合）．

足し算の結合法則 $l + (m + n) = (l + m) + n$ は $f_{f_n(m)}(l) = f_n(f_m(l))$ と書ける．

定理 7.9（足し算の結合法則） 足し算には結合法則 $f_{f_n(m)}(l) = f_n(f_m(l))$ がなりたつ．

証明 $M = \{x \in \mathbb{N}\colon f_{f_n(m)}(x) = f_n(f_m(x))\}$ とおく．

(i) $1 \in M$ であること．$f_{f_n(m)}(1) = (f_n(m))' = f_n(m') = f_n(f_m(1))$ なので $1 \in M$.

(ii) $x \in M$ ならば $x' \in M$ であること．$x \in M$ より $f_{f_n(m)}(x) = f_n(f_m(x))$ である．したがって

$$f_{f_n(m)}(x') = (f_{f_n(m)}(x))'$$
$$= (f_n(f_m(x)))'$$
$$= f_n((f_m(x))')$$
$$= f_n(f_m(x'))$$

となり $x' \in M$ が示された.

以上から帰納法の公理により $M = \mathbb{N}$ がいえる. ∎

最後に，足し算の簡約法則 "$x + n = y + n$ ならば $x = y$" を証明しよう.

定理 7.10 (足し算の簡約法則) 足し算には簡約法則：$f_n(x) = f_n(y)$ ならば $x = y$ がなりたつ.

証明 $M = \{x \in \mathbb{N} : f_n(x) = f_n(y)$ ならば $x = y\}$ という集合を考える.
(i) $1 \in M$ であること.

$f_n(1) = f_n(y)$ とする. 左辺の $f_n(1)$ は問題 7.1 でみたように n' である. いま仮に $y \neq 1$ とすると, 定理 7.1 から $y = z'$ となる $z \in \mathbb{N}$ が存在する. したがって, $n' = f_n(y) = f_n(z') = (f_n(z))'$ を得る. ペアノの公理 (3) より $n = f_n(z)$ となるが, これは命題 7.7 に矛盾する. よって $y = 1$ でなければならない.

(ii) $x \in M$ ならば $x' \in M$ であること.

$x \in M$ なので $f_n(x) = f_n(y)$ ならば $x = y$ である. $x' \in M$ であることを確かめる. $f_n(x') = f_n(y)$ とする. もし $y = 1$ ならば上の (i) より $x' = 1$ となってしまいペアノの公理 (4) に矛盾するので, $y \neq 1$ である. このとき定理 7.1 より $z \in \mathbb{N}$ で $y = z'$ となるものが存在する. したがって $f_n(x') = f_n(z')$ となる. またこの式は足し算の定義により $(f_n(x))' = (f_n(z))'$ と書ける. ここで $x \in M$ だったので $x = z$ で, $x' = z' = y$ となる. これで $x' \in M$ が示された.

(i), (ii) より帰納法の公理から $M = \mathbb{N}$ となる. ∎

7.3 自然数のかけ算

ここでは自然数の集合 N にかけ算 (乗法) を定め，いくつかの性質を導こう．

足し算を自然数全体の集合 $\mathbb{N}$ から $\mathbb{N}$ 自身への写像として定義したのと同様に，かけ算も $\mathbb{N}$ から $\mathbb{N}$ への写像として定める．記号の煩雑さを避けるために足し算については写像を用いた表記法をやめて，慣れ親しんだ記号 $+$ を用いることにする．

定義 7.11 (かけ算とは) $g\colon \mathbb{N} \longrightarrow \mathbb{N}$ という対応 (写像) が $g(x') = g(x) + g(1)$ をみたすとき写像 g を "かけ算" という．

まずはじめに，足し算のときと同様にこのような写像が存在することを確かめよう．

命題 7.12 (かけ算の存在) 上の定義をみたすかけ算 (写像) が少なくとも 1 つは存在する．

証明 たとえば $g\colon \mathbb{N} \longrightarrow \mathbb{N}$ として恒等写像 $g(x) = x$ を考えよう．$g(x') = x'$ で，一方 $g(x) + g(1) = x + 1 = x'$ であり，恒等写像 g はかけ算の定義をみたしている．∎

命題 7.13 $g, h\colon \mathbb{N} \longrightarrow \mathbb{N}$ をかけ算とする．もし $g(1) = h(1)$ ならば，$g = h$ (すなわち任意の $x \in \mathbb{N}$ に対して $g(x) = h(x)$) がなりたつ．

証明 $M = \{x \in \mathbb{N}\colon g(x) = h(x)\}$ とおく．仮定より $g(1) = h(1)$ なので $1 \in M$ である．$x \in M$ ならば $x' \in M$ であることを示そう．$g(x') = g(x) + g(1) = h(x) + h(1) = h(x')$ であり，$x' \in M$ がわかる．帰納法の公理より $M = \mathbb{N}$ となる．∎

1 つの足し算から新しい足し算が得られたように，1 つのかけ算から新しいかけ算をつくることができる．

命題 7.14 $g\colon \mathbb{N} \longrightarrow \mathbb{N}$ をかけ算とする．このとき $h\colon \mathbb{N} \longrightarrow \mathbb{N}$ を $h(x) = g(x) + x$ で定めると h もかけ算になる．

証明 h がかけ算の定義をみたすことを示せばよい．$h(x') = g(x') + x' = (g(x) + x) + (x + 1) = (g(x) + x) + (g(1) + 1) = h(x) + h(1)$ なので h もかけ算の定義をみたしている．つまり h もかけ算である．■

足し算のときと同様にして，命題 7.14 を用いて無限個のかけ算を構成する．まず命題 7.12 の証明の中の $g(x) = x$ で定められたかけ算を g_1 と表す．次に $g_2: \mathbb{N} \longrightarrow \mathbb{N}$ を $g_2(x) = g_1(x) + x$ と定めると，命題 7.14 より g_2 もかけ算になる．以下同様にして，$g_3(x) = g_2(x) + x, \cdots, g_{n'}(x) = g_n(x) + x$ として次々にかけ算が得られる．

問題 7.2 $g_n(1) = n$ であることを示し，$m \neq n$ のとき $g_m \neq g_n$ であることを示せ．

こうして自然数全体 $\mathbb{N}$ 上に無限個のかけ算が存在することがわかったが，実はかけ算はこれらしかないことがわかる．

命題 7.15 $\psi: \mathbb{N} \longrightarrow \mathbb{N}$ がかけ算のとき，ある n に対して，$\psi = g_n$ である．

証明 ψ はかけ算なので $\psi(1) = n$ となる自然数 n が存在する．問題 7.2 より $g_n(1) = n$ であり，g_n もかけ算なので命題 7.13 から $\psi = g_n$ であることがわかる．■

ここで記号 "x" の使い方について次の約束をする：

▶▶ **約束** $g_1(x)$ を慣れ親しんだ記号で $x \times 1$ と表し，$g_2(x)$ を $x \times 2$ と表すことにする（$g_1(x) = x$ だったので $x \times 1 = x$ となる）．一般に $g_n(x)$ を $x \times n$ と表すことにする．

かけ算に対しても $2 \times 3 = 3 \times 2$ というように交換法則がなりたっている．写像を使って表せば，かけ算の交換法則は $g_n(m) = g_m(n)$ となる．

定理 7.16 (かけ算の交換法則) かけ算には交換法則 $g_n(m) = g_m(n)$ がなりたつ．

証明 $M = \{x \in \mathbb{N} : g_x(m) = g_m(x)\}$ とおく. 帰納法の公理を用いて $M = \mathbb{N}$ を示す.

(i) $1 \in M$ であること. g_1 の定め方より $g_1(m) = m$ であり, 問題 7.2 より $g_m(1) = m$ である. ゆえに $1 \in M$.

(ii) $x \in M$ ならば $x' \in M$ であること. $g_{x'}(m) = g_x(m) + m = g_m(x) + g_m(1) = g_m(x')$ から $x \in M$ であることがわかる.

したがって帰納法の仮定より $M = \mathbb{N}$ となる. ∎

かけ算の結合法則: $(l \times m) \times n = l \times (m \times n)$ を示すためにまず足し算とかけ算の分配法則: $l \times (m+n) = l \times m + l \times n$ を示しておこう.

定理 7.17 (足し算とかけ算の分配法則) 足し算とかけ算の間には分配法則 $g_l(m+n) = g_l(m) + g_l(n)$ がなりたつ.

証明 $M = \{x \in \mathbb{N} : g_l(m+n) = g_l(m) + g_l(n)\}$ とおき $M = \mathbb{N}$ を示す.

(i) $1 \in M$ であること.
$g_1(m+n) = m+n$, $g_1(m) + g_1(n) = m+n$ なので $1 \in M$ がなりたつ.

(ii) $x \in M$ ならば $x' \in M$ であること. $x \in M$ なので $g_l(m+n) = g_l(m) + g_l(n)$ である. これより $g_{x'}(m+n) = g_x(m+n) + (m+n) = (g_x(m) + g_x(n)) + (m+n)$ となる. ここで足し算に関する交換法則と結合法則を使って

$$\begin{aligned}(g_x(m) + g_x(n)) + (m+n) &= ((g_x(m) + g_x(n)) + m) + n \\ &= (g_x(m) + (g_x(n) + m)) + n \\ &= (g_x(m) + (m + g_x(n))) + n \\ &= ((g_x(m) + m) + g_x(n)) + n \\ &= (g_x(m) + m) + (g_x(n) + n) \\ &= g_{x'}(m) + g_{x'}(n)\end{aligned}$$

となる. したがって, $g_{x'}(m+n) = g_{x'}(m) + g_{x'}(n)$ であり, $x' \in M$ がわかる. ∎

足し算とかけ算の分配法則を用いて次のかけ算の結合法則：$l \times (m \times n) = (l \times m) \times n$ が得られる．この式は写像を用いて表せば，$g_{g_n(m)}(l) = g_n(g_m(l))$ となる．

定理 7.18（かけ算の結合法則） かけ算の結合法則 $g_{g_n(m)}(l) = g_n(g_m(l))$ がなりたつ．

問題 7.3 定理 7.18 を証明せよ．

最後にかけ算の簡約法則：$x \times n = y \times n$ ならば $x = y$ を示そう．

定理 7.19（かけ算の簡約法則） かけ算には簡約法則 "$g_n(x) = g_n(y)$ ならば $x = y$" がなりたつ．

証明 $M = \{x \in \mathbb{N} : g_n(x) = g_n(y) \text{ ならば } x = y\}$ とおく．

(i) $1 \in M$ であること．

$g_n(1) = g_n(y)$ とする．$g_n(1) = n$（問題 7.2）だから $g_n(y) = n$ である．いま $y \neq 1$ とすると，定理 7.1 から $y = z'$ となる $z \in \mathbb{N}$ が存在する．したがって，$n = g_n(y) = g_n(z') = g_n(z) + g_n(1) = g_n(z) + n$ となり，命題 7.7 に矛盾する．ゆえに $y = 1$ でなければならない．つまり $1 \in M$ である．

(ii) $x \in M$ ならば $x' \in M$ であること．$x \in M$ なので "$g_n(x) = g_n(y)$ ならば $x = y$" がなりたっている．$x' \in M$ を示すためには $g_n(x') = g_n(y)$ のとき $y = x'$ であることを示せばよい．もし $y = 1$ ならば上の (i) より $x' = 1$ となるが，これはペアノの公理 (4) に反する．よって $y \neq 1$ である．このとき定理 7.1 から $y = z'$ となる $z \in \mathbb{N}$ が存在する．したがって，$g_n(x') = g_n(z')$ を得る．かけ算の定義よりこの式は $g_n(x) + g_n(1) = g_n(z) + g_n(1)$ と書ける．ここで足し算の簡約法則（定理 7.10）により $g_n(x) = g_n(z)$ となる．$x \in M$ であったから $x = z$ がいえる．ゆえに $y = z' = x'$ となる．

以上から帰納法の公理により $M = \mathbb{N}$ が示された．∎

いままでの議論のなかで何度も帰納法の公理が顔をだした．先に述べたように，高校で習った "数学的帰納法" という証明法は，この帰納法の公理がそのよ

りどころになっている．数学的帰納法という証明法は今後も頻繁に使われる大事な手段なので，復習もかねてこの機会に"数学的帰納法"についてきちんと理解しておこう．

いま自然数 n に関する命題 $P(n)$ が与えられたとする．この命題 $P(n)$ がすべての自然数 n に対してなりたつことを示すには，次の 2 つのことがらを示せばよい．

(Step 1) $n=1$ に対してなりたつ，つまり $P(1)$ が真であることを示す．

(Step 2) $n=k$ のとき命題がなりたつと仮定して，$n=k+1$ のときも命題がなりたつことを示す．

このような証明法を**数学的帰納法**という．この証明法の正当性は直観的には"ドミノ倒し"を思い浮かべれば納得いくが，ペアノの公理系からその正当性を導こう．まず，数学的帰納法の (Step 1), (Step 2) とペアノの公理 (5) の (i), (ii) がよく似ていることに着目しよう．そこで，命題 $P(n)$ がなりたつような自然数全体の集合を M としよう．(Step 1) から $1 \in M$ (ペアノの公理 (5) の (i)) がいえる．(Step 2) は，$n \in M$ ならば $n' \in M$ となり，まさにペアノの公理 (5) の (ii) をいっている．したがって，ペアノの公理 (5) によってめでたく $M = \mathbb{N}$ が示せた．

せっかく数学的帰納法がでてきたので，もう少し数学的帰納法について勉強してみよう．数学的帰納法には上で述べた (高校までの) 数学的帰納法をより実際的に修正した次の"累積的帰納法"と呼ばれるものもある．

▶▶ **累積的帰納法** (Step 1) $n=1$ に対してなりたつ，つまり $P(1)$ が真であることを示す．

(Step 2) $n \leq k$ のとき命題がなりたつとして，$n=k+1$ のときも命題がなりたつことを示す．

問題 7.4 高校で習った数学的帰納法と累積的帰納法とではどこが違うか．

問題 7.5 ペアノの公理系から累積的帰納法の正当性を導け．

▶▶ **約束** 今後はこの累積的帰納法も含めて数学的帰納法と呼ぶことにする．

問題 7.6 全ての自然数 n に対して $1 + x + \cdots + x^n = \dfrac{1 - x^{n+1}}{1 - x}$ が成り立つことを示せ.

問題 7.7 2 以上の全ての自然数は, 素数であるか, または, 素数の積として表せることを示せ.

7.4 自然数の大小関係

これまで自然数の足し算, かけ算についてみてきたが, 自然数の間の大小に関してはまったく考えていなかった. ここでは自然数の間の大小に目を向けてみよう.

定義 7.20 (自然数の大小) 2 つの自然数 m, n に対して, $n = m + l$ となる自然数 l が存在するとき n は m より大きいといい, $m < n$ または $n > m$ と表す.

問題 7.8 $m < n$ のとき $n = m + l$ となる自然数 l が 1 つしかないことを示せ.

定理 7.21 2 つの自然数 m, n の間には $m < n, m = n, m > n$ のうちのどれか 1 つだけがなりたつ.

証明 まずはじめに, 上の 3 つの関係のうち 2 つ以上が同時になりたたないことを示そう.

$m < n$ とすると, ある自然数 l が存在し $n = m + l$ となり, $m > n$ とすると, ある自然数 k が存在し $m = n + k$ となる. いま $m < n$ と $m = n$ が同時になりたっているとすると, $m = m + l$ となってしまい, 命題 7.7 に反する. 同様にして $m > n$ と $m = n$ が同時になりたつこともない. 次に $m < n$ と $m > n$ が同時になりたっているとする. このとき $n = (n + k) + l = n + (k + l)$ となり, やはり命題 7.7 に矛盾する. こうして $m < n, m = n, m > n$ のうち 2 つ以上はなりたたないことが示された.

次に $m<n, m=n, m>n$ のうち少なくとも 1 つはなりたつことを確かめよう. $m \neq n$ として, $m<n$ か $m>n$ がなりたつことを m に関する帰納法で示す.

(Step 1) $m=1$ なら $n \neq 1$ で定理 7.1 より $n = x'$ となる $x \in \mathbb{N}$ が存在する. よって $n = x' = x+1 = 1+x = m+1$ となり, $m<n$ がなりたつ.

(Step 2) m に対して 3 つの関係のどれかがなりたつとし, m' に対してもいずれかの関係がなりたつことを示す. $n = m+l$ となる自然数 l が存在しているとする. もし $l=1$ ならば $n = m+1 = m'$ となる. もし $l \neq 1$ ならば定理 7.1 から $l = y'$ となる $y \in \mathbb{N}$ が存在し, $n = m+l = m+y' = m+(y+1) = m+(1+y) = (m+1)+y = m'+y$ となる. このとき定義より $m'<n$ がなりたっている.

m に対して $x = n+l$ と自然数 l が存在しているとする. このとき $m' = (n+l)' = (n+l)+1 = n+(l+1)$ となり $m'>n$ がなりたつ.

こうして m,n に対して $m<n, m=n, m>n$ のうち少なくともどれか 1 つがなりたつことが示された.

前半の主張と後半の主張をあわせると, 2 つの自然数 m, n の間には, $m<n, m=n, m>n$ のうちのどれか 1 つだけがなりたつことがわかる. ∎

大小関係には次の基本的な性質がある.

定理 7.22 3 つの自然数 l, m, n に対して, $l<m, m<n$ ならば $l<n$ がなりたつ.

問題 7.9 定理 7.22 を証明せよ.

また加法と大小関係には加法の単調性と呼ばれる次の性質がある.

定理 7.23 自然数 l, m, n に対して, $m<n$ となるための必要十分条件は $m+l < n+l$ である.

証明 $m<n$ とする. このとき定義より $n = m+k$ となる自然数 k が存在している. よって $n+l = (m+k)+l = m+(k+l) = m+(l+k) = (m+

$l)+k$ となり, $n+l > m+l$ がいえる.

逆に, $m+l < n+l$ とする. 定義により $n+l = (m+l)+k$ となる自然数が存在する. このとき $n+l = (m+l)+k = m+(l+k) = m+(k+l) = (m+k)+l$ となり, 足し算の簡約法則 (定理 7.10) から $n = m+k$ がいえる. したがって $m < n$ が示された. ∎

乗法と大小関係にも乗法の単調性と呼ばれる次の性質がなりたつ.

定理 7.24 自然数 l, m, n に対して, $m < n$ となるための必要十分条件は $m \times l < n \times l$ である.

証明 $m < n$ とする. このとき定義より $n = m+k$ となる自然数 k が存在している. よって $n \times l = (m+k) \times l = l \times (m+k) = l \times m + l \times k = m \times l + k \times l$ となる. したがって, $m \times l < n \times l$ がいえる.

逆に, $m \times l < n \times l$ とする. m と n との間には定理 7.21 により $m < n, m = n, m > n$ のうちのどれか 1 つだけがなりたっている. いま $m > n$ とすると, 前半の証明から $m \times l > n \times l$ となり, また $m = n$ のときは $m \times l = n \times l$ となり, いずれの場合も仮定に反する. ゆえに $m < n$ がいえる. ∎

問題 7.10 数学的帰納法により次の (1) から (6) を証明し (7) の A_n を求めよ.

(1) $10^{6n-4} + 10^{3n-2} + 1$ は 111 で割り切れる.
(2) $111\cdots 11$ (1 を 3^n 個並べた数) は 3^n で割り切れる.
(3) $1^3 + 2^3 + \cdots + n^3 = (n(n+1)/2)^2$.
(4) n 変数 d 次単項式全体の個数 $= (n-1+d)!/d!(n-1)!$.
(5) 凸 n 角形の内角の和 $= 2(n-2)\angle R$.
(6) 平面上の n 個の円が, どの 2 つも 2 点で交わり, どの 3 つも 1 点で交わることがないならば, 平面はこれらの円により $n^2 - n + 2$ 個の部分に分割される.
(7) 円周上に n 個の点があって, 2 点を結ぶ線分は 3 本以上が 1 点で交わらないとする. このとき, これらのすべての線分とそれらの交点, 与えられた点及び円周によって円は小さい部分に分割される. その個数を A_n と置く. A_n を求めよ.

第 8 章
整数 (付録 3)

8.1 算術の基本定理

自然数と同様に整数全体も公理的にとらえることができる．しかし，もうこのことについて深入りしない！ ここでは，初等整数論 (あるいは算術) の基本定理と呼ばれている定理を順序立てて証明する．

命題 8.1 2つの整数 a, b に対して，$b \neq 0$ ならば
$$a = qb + r, \quad 0 \leq r < |b|$$
をみたす整数 q, r が一意的に存在する．

$$(a, b \in \mathbb{Z}, b \neq 0 \implies \exists! q, r \in \mathbb{Z} \text{ s.t. } a = qb + r, 0 \leq r < |b|)$$

証明 x を整数として，$a - xb$ の形で表される整数のうち零以上の最小の整数を r とし，$r = a - qb$ $(q \in \mathbb{Z})$ とする．この q, r が命題をみたす．

$0 \leq r < |b|$ を示せばよい．もし $|b| \leq a - qb$ ならば，b が正のときには $0 \leq a - (q+1)b < r$, b が負のときには $0 \leq a - (q-1)b < r$ となり，いずれにしても r の最小性に反する．∎

問題 8.1 上の命題 8.1 で q, r がただ一通りに決まることを証明せよ．

定義 8.2 $a, b \in \mathbb{Z}$ $(b \neq 0)$ とする．

(1) $a = bc$ となる $c \in \mathbb{Z}$ が存在するとき，b は a を割り切る[1]といい，$b \mid a$ と表す．b が a を割り切らないとき，$b \nmid a$ と表す．たとえば，$4 \mid 12$, $6 \mid 18$,

---

[1] b は a の約数である，あるいは a は b の倍数であるともいう．

$5 \mid -25,\ 3 \nmid 4,\ 5 \nmid -8$.

0 は任意の整数の倍数である.

(2) a の約数が $\pm 1, \pm a$ だけであるとき, a を**素数 (prime number)** という.

(3) $d \in \mathbb{N}$ が次の 2 条件を満たすとき, d を a, b の**最大公約数**といい $d = (a, b)$ と表す：

$$d \mid a,\ d \mid b, \tag{1}$$

$$d' \mid a,\ d' \mid b \Longrightarrow d' \mid d. \tag{2}$$

(4) a, b の最大公約数が 1 のとき, a と b は**互いに素 (relatively prime)** であるという.

問題 8.2 最小公倍数を定義してみよ.

命題 8.3 次がなりたつ.
(1) $a \mid b,\ a \mid c \Longrightarrow a \mid (b \pm c)$,
(2) $a \mid b,\ b \mid a \Longleftrightarrow a = \pm b$,
(3) p が素数ならば, $p \nmid a \Longleftrightarrow (p, a) = 1$.
(4) $(a, b) = d$ とし, $a = a'd, b = b'd$ とおく. このとき, $(a', b') = 1$.

命題 8.4 $a = qb + r,\ 0 \leq r < |b|$ ならば $(a, b) = (b, r)$ である.

問題 8.3 上の命題 8.4 を証明せよ.

命題 8.5 零でない 2 つの整数 a, b に対して, a が b の倍数でないとする. このとき,

$$a = qb + r \quad 0 < r < |b|,$$
$$b = q_1 r + r_1, \quad 0 \leq r_1 < r,$$
$$r = q_2 r_1 + r_2, \quad 0 \leq r_2 < r_1,$$
$$\vdots$$

$$r_{k-1} = q_{k+1}r_k + r_{k+1}, \quad 0 \leq r_{k+1} < r_k,$$

$$\vdots$$

と続ける．すると，r_* たちは次々に減少していてかつ負でないのだから，有限回の後には零となる．$r_{l+1} = 0$ ならば $r_l = (a,b)$ である．ただし，$r_0 = r$ とする．

最大公約数を求めるこの方法を (交代に除法を行うので) "**ユークリッドの互除法**" という．

証明 命題 8.4 を繰り返し使って，

$$(a,b) = (r, r_1) = (r_1, r_2) = \cdots = (r_{l-1}, r_l) = r_l. \blacksquare$$

命題 8.6 $(a,b) = d$ ならば，適当な整数 s, t により $d = sa + tb$ と表せる．

証明 a が b の倍数のときは $d = \pm b$ だから，$s = 0, t = \pm 1$ とすればよい．a が b で割り切れないとする．$r_0 := r = a - qb, r_1 = -q_1 a + (1 + q_1 q)b$ と表せる．任意の $i \leq k$ に対して $r_i = s_i a + t_i b$ と表せるならば

$$r_{k+1} = r_{k-1} - q_{k+1} r_k$$
$$= (s_{k-1} - q_{k+1} s_k)a + (t_{k-1} - q_{k+1} t_k)b$$

と表せる．したがってすべての k について r_k は求める形に表せる．とくに，$d = r_l$ もそうである．$\blacksquare$

問題 8.4 $a = 630, b = 825$ のとき，最大公約数 d と $d = sa + tb$ となる s, t を求めよ．

命題 8.7 $a|bc, (a,b) = 1 \Longrightarrow a|c$．

証明 $(a,b) = 1$ だから，命題 8.6 により，$sa + tb = 1$ $(s, t \in \mathbb{Z})$ と表せる．すると $sac + tbc = c$．ここで仮定より，$bc = au$ $(u \in \mathbb{Z})$ とおけるので

$$c = sac + tbc = sac + tau = a(sc + tu)$$

となる. ゆえに $a|c$. ∎

問題 8.5 上の命題は $(a,b) = 1$ という条件がみたされていないとなりたつとは限らない. 例をあげよ.

命題 8.8 p を素数とする.

$$p|ab, \ p \nmid a \Longrightarrow p|b \quad (p \nmid a, \ p \nmid b \Longrightarrow p \nmid ab).$$

証明 p は素数であるから, $p \nmid a \Longleftrightarrow (p,a) = 1$. 命題 8.7 を使えばよい. ∎

$a, p \in \mathbb{Z}$, p は素数とする. $a \neq 0$ ならば $p^e | a$ かつ $p^{(e+1)} \nmid a$ をみたす負でない整数 e が一意的に決まる. このとき, $e = \mathrm{ord}_p(a)$ と表し, a の p 指数とよぶ.

例 8.9 $2^2 | 12$ であるが $2^3 \nmid 12$ であるから, $\mathrm{ord}_2(12) = 2$, $\mathrm{ord}_2(9) = 0$, $\mathrm{ord}_5(250) = 3$.

命題 8.10 $a, b \in \mathbb{N}$, p が素数ならば

$$\mathrm{ord}_p(ab) = \mathrm{ord}_p(a) + \mathrm{ord}_p(b).$$

証明 $e = \mathrm{ord}_p(a)$, $f = \mathrm{ord}_p(b)$ とする. $a = p^e a'$, $b = p^f b'$ ($p \nmid a'$, $p \nmid b'$) と表せる. すると $ab = p^{(e+f)} a' b'$ で, 命題 8.8 より $p \nmid a' b'$. ゆえに

$$\mathrm{ord}_p(ab) = e + f = \mathrm{ord}_p(a) + \mathrm{ord}_p(b). \quad \blacksquare$$

定理 8.11 (初等整数論の基本定理 (素因数分解の一意性定理)) $n \in \mathbb{Z}$, $n \neq 0$ ならば

$$n = (-1)^{\varepsilon(n)} \prod_{p > 0} p^{p(n)}$$

と素数の積として表せ, 各正の素数 p に対する指数 $p(n)$ と, $\varepsilon(n) = 0, 1$ は n により一意的に決まる.

証明 (1)(表現の可能性) 正整数 (自然数) について証明すればよい．素数の積として表せる自然数の全体を S とおく．全ての素数は S に属す．また，$l, m \in S \Longrightarrow lm \in S$. $S = \mathbb{N}$ を示せばよい．S に属さ<u>ない</u>自然数が存在すると仮定して矛盾を導こう．$\mathbb{N} - S$ の中の最小数を n とする．$n \notin S$. n は素数ではないから，$n = lm$ ($l, m < n$) と表せる．n の最小性より，$l, m \in S$. すると，$n = lm \in S$ となり矛盾．

(2)(一意性) 2つの素数 p, q に対して，

$$\mathrm{ord}_q(p) = \begin{cases} 0 & (q \neq p) \\ 1 & (q = p) \end{cases}$$

だから，命題 8.10 を使うと

$$\mathrm{ord}_q(n) = \mathrm{ord}_q\left(\prod_{p>0} p^{p(n)}\right)$$
$$= \sum_p \mathrm{ord}_q(p^{p(n)})$$
$$= \sum_p p(n)\mathrm{ord}_q(p)$$
$$= q(n).$$

ゆえに $p(n) = \mathrm{ord}_p(n)$. したがって $p(n)$ は n により一意的に決まる．また，

$$\varepsilon(n) = \begin{cases} 0 & (0 < n) \\ 1 & (n < 0) \end{cases}$$

である．■

命題 8.12 $a = \prod_{p>0} p^{p(a)}, b = \prod_{p>0} p^{p(b)}$ を自然数 a, b の素因数分解とし，a, b の最大公約数 (g.c.d.) を d, 最小公倍数 (l.c.m.) を m とする．このとき，

(1) $a|b$ である必要十分条件は任意の素数 p に対して $p(a) \leq p(b)$.

(2) 各素数 p について

$$p(d) = \min(\mathrm{ord}_p(a), \mathrm{ord}_p(b)),$$

$$p(m) = \max(\mathrm{ord}_p(a), \mathrm{ord}_p(b)).$$

すなわち,

$$d = \prod_{p>0} p^{\min(\mathrm{ord}_p(a),\,\mathrm{ord}_p(b))},$$
$$m = \prod_{p>0} p^{\max(\mathrm{ord}_p(a),\,\mathrm{ord}_p(b))}.$$

例 8.13 87120, 270270 の d (g.c.d.), m (l.c.m.) を求めてみる.
$87120 = 2^4 \cdot 3^2 \cdot 5 \cdot 11^2, 270270 = 2 \cdot 3^3 \cdot 5 \cdot 7 \cdot 11 \cdot 13$ だから

$$d = 2 \cdot 3^2 \cdot 5 \cdot 11, \quad m = 2^4 \cdot 3^3 \cdot 5 \cdot 7 \cdot 11^2 \cdot 13$$

となる.

問題 8.6 次の (1) から (6) までを証明せよ.

(1) a, b, c を整数とし $d = (a, b)$ とする. x, y についての方程式 $ax + by = c$ が整数解を持つ必要十分条件は $d \mid c$ である. さらに, 整数解をもつときは, $a = a'd, b = b'd$ とおき, 1 組の解を (x_0, y_0) とすると全ての解は $x = x_0 + b't, y = y_0 - a't$ $(t \in \mathbb{Z})$ であたえられる.

(2) $(a, b) = 1$ ならば $(a + b, a - b) = 1$ or 2.

(3) $(a, b) = 1$ でかつ積 ab が平方数ならば a, b の絶対値は両方とも平方数.

(4) $(a, b)c = (ac, bc)$.

(5) $[a, (b, c)] = ([a, b], [a, c])$ (ただし $[x, y]$ は x と y の最小公倍数を表す).

(6) 自然数 a の (正の) n 乗根が自然数ならば, すべての素数 p について $n \mid \mathrm{ord}_p(a)$ である.

▶▶ **お話** (1) 数学は「無限」についてよく問題にする. Euclid は「素数は無限個存在する」ということを証明した (限りなく多く存在することの [証明] というのは, 考えてみるとすごいことではないだろうか?).

定理 8.14 素数は無限個存在する.

証明 (Euclid) 自然数 $n \in \mathbb{N}$ についての命題 $P(n) :=$ 「n 個の素数が存在する」を考えよう．すべての n に対して $P(n)$ がなりたつことを示せばよい．数学的帰納法で証明しよう．2 は素数だから $P(1)$ がなりたつ．$P(n)$ がなりたつと仮定し，n 個の素数を $p_1, p_2, \cdots, p_n$ とする．このとき

$$N = p_1 p_2 \cdots p_n + 1$$

という数について考える．N は p_1 から p_n までの どの素数でも割り切れない (1 余る)．よって，定理 8.11 より，N を割り切るこれら以外の素数が存在する[2]．したがって $P(n+1)$ がなりたつ．ゆえに，すべての自然数 n に対して $P(n)$ がなりたつ．■

(2) 3 辺が $(3,4,5)$ あるいは $(5,11,12)$ の 3 角形は直角 3 角形であることは知っている．そこで 「3 辺とも自然数の直角 3 角形は無限に存在するだろうか？」という疑問がおきる．ここで図形について [相似] の概念をもっていれば，確かに $(3n, 4n, 5n)$ $(n = 1, 2, 3, \cdots)$ と無限個の組が得られる (<u>幾何学</u>の概念が<u>自然数</u>の問題に 1 つの解答を与えたわけである！).

ではさらに踏み込んで，"こうして得られる組以外にあるのだろうか"．ピタゴラスの定理によれば，この問題は x, y, z についての方程式 $x^2 + y^2 = z^2$ をみたす自然数の組 (x, y, z) を求める問題になる．このように整数係数の方程式の整数解を求める問題を，一般に，古代ギリシャの数学者の名前にちなんで **Diophantus** (デイオファントス) 問題という．

定理 8.15 どの 2 つも互いに素な自然数 x, y, z が方程式

$$X^2 + Y^2 = Z^2 \qquad (*)$$

の解ならば，偶・奇の異なる互いに素な自然数 u, v $(u < v)$ によって

$$x = 2uv, \qquad y = u^2 - v^2, \qquad z = u^2 + v^2$$

(または，x, y を入れ替える) と表される．また，この逆も成り立つ．したがって，特に，方程式 $(*)$ の自然数解は無限個 (組) 存在する．

---

[2] N 自身が素数かどうかは分らない．実際，$1 \times 2 \times 3 \times 5 \times 7 \times 11 \times 13 + 1 = ??$.

証明 自然数 x, y, z はどの二つも互いに素で方程式 $(*)$ を満たすとする．このとき，「x と y の偶・奇は異なることが示せる $(**)$」．そこで，x は偶数 y は奇数とする．こうしても一般性を失わない．$(y, z) = 1$ だから $(z-y, z+y) = 1$ または 2．y, z ともに奇数だから $(z-y, z+y) = 2$ が分る．すると $x^2 = z^2 - y^2 = (z-y)(z+y)$ と問題 8.6 (3) より，

$$z - y = 2v^2, \qquad z + y = 2u^2, \qquad (u, v) = 1 \tag{1}$$

とおける．したがって，$x^2 = (2uv)^2$．ゆえに

$$x = 2uv, \qquad y = u^2 - v^2, \qquad z = u^2 + v^2.$$

また，y が奇数であるから，u, v の偶・奇は異なることが分る．逆に，これらで与えられる自然数の組はどの二つも互いに素で方程式 $(*)$ をみたす．∎

問題 8.7 定理 8.15 の証明中の $(**)$ と (1) 式及び定理の逆を証明せよ．

▶▶ **余談** 数の概念は個数や順序さらに計量を表すのに使われ発展した．この際，幾何学は重要な役割をした．それは「1 辺が 1 の直角 2 等辺 3 角形の斜辺の長さを表す "数"」として "無理数" の存在を教えてくれたことである．この数の概念は数学の世界を非常に広げた (厄介な問題を持ちこんだことも含めて)．一方，17, 18 世紀の数学者たちが複素数を数として認めることに躊躇したのは，あまりに計量に捕らわれ過ぎたからかもしれない．ピタゴラスの定理は幾何学の定理であるが，無理数の存在を示し，さらに自然数のもつ神秘も教えることになった．この定理をしばらくみていると，「冪指数の 2 を大きくしてみたり，変数の個数を多くしてみたらどうなるのだろうか？」といった疑問が涌いてくる．

(1) **Fermat (フェルマー) の大定理** $x^n + y^n = z^n$ は $3 \leq n$ ならば自然数解をもたない (1994 年に A. Wiles が証明した．これは多くの数学者達が挑戦した問題だったが，フェルマー以来およそ 350 年たってようやく証明された)．

(2) $x_1^4 + x_2^4 + x_3^4 = x_4^4$ については

$$2682440^4 + 15365639^4 + 18796760^4 = 20615673^4$$

(Noam Elkies (1987))。

(3) $x_1^5 + x_2^5 + x_3^5 + x_4^5 = x_5^5$ については

$$27^5 + 84^5 + 110^5 + 133^5 = 144^5$$

(L.J.Lander, T.R.Parkin (1966))。

整数論には簡単そうに見えて実は難しい問題が沢山ある：

(4) $(3,5), (5,7), (11,13), (17,19)$ のように 1 つ間をおいた素数の組を双子素数と呼ぶが，双子素数が無限個 (組) あるかどうか．

(5) すべての偶数は 2 つの素数の和として表せるか．

(6) 3 辺ともが有理数である直角 3 角形の面積になる自然数を合同数という[3]．合同数を特徴付けよ．

上の (4), (5) は未解決である．(6) については 合同数であるための必要条件は知られている．(1), (2), (3), (6) では楕円曲線の理論という，整数論はもとより代数学，解析学，幾何学に深く関わる理論が使われた ((3) は計算機による発見が先だったようである)．157 は合同数である．その 3 角形の 3 辺はそれぞれ：

$$\frac{22440351770433696992455751309067486316094847 2041}{8912332268928859588025535178967163570016480830},$$

$$\frac{6803298487826435051217540}{411340519227716149383203},$$

$$\frac{411340519227716149383203}{21666555693714761309610}$$

(Don Zagier) とのことである．

これぞ人畜無害の [**O-157**]．

---

[3] 図形の合同とは無関係である

参考文献

(1) 細井勉,『数学とことばの迷い路』(日本評論社).
(2) 大村平,『論理と集合のはなし』(日科技連).
(3) 細井勉,『論理数学』(数理科学シリーズ 1, 筑摩書房).
(4) 数学セミナー編集部編,『数学の言葉づかい 100』(日本評論社).
(5) 赤摂也,『集合論入門』(培風館).
(6) 井関清志,『記号論理学 (命題論理)』(槇書店).
(7) 倉田令二朗,『数学論序説』(ダイアモンド社).
(8) S. セルビー, L. スウィート,『集合関係関数』(矢野健太郎訳, 日本評論社).
(9) リプシュッツ,『集合論』(金井省二, 清澤毅光訳, マグロウヒル好学社).
(10) 彌永昌吉・小平邦彦,『現代数学概説 I』(岩波書店).
(11) 田中尚夫,『選択公理と数学 (増補版)』(遊星社).
(12) 竹内外史,『現代集合論入門 (増補版)』(日本評論社).
(13) 高木貞治,『数学雑談』(共立出版).
(14) 高木貞治,『数の概念』(岩波書店).
(15) Peter J.Cameron, *Sets, Logic and Categories*, SUMS, Springer-Verlag (1999).
(16) K.Ireland, M.Rosen, *A Classical Introduction to modern number Theory* (Second Edition), GTM 84, Springer-Verlag (1993).
(17) L.Gillman, *Two Classical Surprises Concerning the Axiom of choice and the Continuum Hypothesis*, American Mathmatical Monthly,109 (6) (2002) 544-553.

本書の第一の目的は, 微分積分学や線形代数学等から始まる大学課程の数学を学習する際に生じる障害を軽減し, 勉学をより効果的なものにすることにある. したがって, 集合に関する記述法や証明における議論の論理的な面などの習得については, あくまでも微分積分や線形代数等いろいろな数学の学習において, 実際にそれらを積極的に使ってみられることを切に希望する.

本書の執筆に際し参考にした主な文献を上に記した．

集合については，(5) が丁寧で，(10) の第 1 章は詳しく書かれている．Cantor-Bernstein の定理の第 2 証明は (17) による．選出公理については，さらに深く学ぶことを望む読者には (11) を進める．現代集合論が成立していく歴史的過程，また集合論はもとより，解析学，代数学，位相数学等において選出公理が使われている例とその説明，さらに進んで選出公理の無矛盾性と独立性等に関しても詳しく丁寧に書かれている．本書を執筆するにあったても，とても参考にさせていただいた．Russell のパラドックス等が強い契機となって現れた公理的集合論については，(11)，(12) の第 2，3 章などがある．また，(15) は簡潔に分かりやすく書かれていて読みやすい．邦訳が望まれる．本書では触れなかったが，集合論においては非常に基本的で重要な順序数の概念がある．これについては上記の良書で学んでいただきたい．自然数，実数，複素数についての公理的取り扱いについては，例えば (10) の付録 II にある．自然数，整数の公理的構成に関しては (13)，(14) がある．特に，(13) は，数学上のことは本より，様々な歴史的エピソードを交えて興味深く楽しく書かれている．

第 5 章の「命題と論理」においては，(1)，(2)，(3)，(4)，(6)，(7)，(9) に書かれてある具体的な命題やその否定の例などを参照し，中にはそのまま引用させていただいたものもある．参考文献 (3)，(6)，(7) は，命題と論理を論理学の立場から専門的に扱っている．多くの場合，論理学は命題の内容は問わずに命題と命題の間の論理的関係についてを問題とするので，論理学の専門的知識を深めようとすることは，個々の具体的な数学的対象の理解という本来の目的の妨げとなることもある．したがって初学者に対しては，まず実際に微分積分学や線形代数学で多くの命題や定義に積極的に触れてみることで，その数学的な意味を考えながら「命題と論理」を修めることを強くお勧めする．

算術の基本定理の証明は (16) の第 1 章による．(16) は整数論について書かれた素晴らしい書物である．これは優れた入門書であるばかりでなく高度な専門書でもある．勇気と忍耐を持てば，今からでも読み始められる．この書も邦訳が待たれる．

索引

●数字・記号
2 項関係	123
2 項関係のグラフ	123
3 角不等式	66
Cantor-Bernstein	38
Dedekind の公理	53
Dedekind の切断	51

●ア行
アルキメデスの原理	57
上に有界	55

●カ行
ガウス平面	65
下極限集合	46
かけ算	161
かけ算の結合法則	164
かけ算の交換法則	162
かけ算の存在	161
下限	53, 132
可算集合	42
可算濃度	143
下切片	131
かつ	96
カルダノの公式	78
関係	123
カントールの対角線論法	142
完備性	62
基数 3 分律	146
帰納法の公理	155
逆写像	32
逆像	34
共通部分	10
共役複素数	64
極形式表示	69
極小元	131
極大元	131
虚部	64
空集合	9
区間縮小法	60
結合法則	29
結合律	14
元	6
交換律	13
恒真命題	121
合成写像	27
合同	124
恒等写像	26
合同数	177
コーシー列	62

●サ行
最小元	52, 132
最小公倍数	170
最大元	52, 132
最大公約数	170
差集合	12
三段論法	121
辞書式順序関係	130

自然な写像	125
下に有界	55
実数の連続性の公理	53
実部	64
写像	24
集合	6
集合族	19
収束	59
従属性	116
純虚数	64
順序関係	129
順序集合	129
順序対	21
順序同型	134
順序同型写像	134
順序を保つ	134
上界	54, 131
上界集合	131
上極限集合	46
上限	53, 132
商集合	125
剰余類	127
初等整数論の基本定理	172
真偽表	120
真部分集合	8
推移律	124
数学的帰納法	165
少なくとも1つ	103, 108
制限	28
整列集合	133
整列定理	136
絶対値	65
切片	131
線形順序集合	130
全射	30
選出公理	20
選出写像	44
全順序集合	129
選択関数	44
選択公理	20
全単射	30
素因数分解の一意性定理	172
像	34
素数	170

●タ行

対偶命題	120
大小関係	166
対称律	124
代数学の基本定理	80
互いに素	12, 170
互いに素な和集合	14
足し算	156
足し算の簡約法則	160
足し算の結合法則	159
足し算の交換法則	158
足し算の存在	156
単射	30
単純形	104
値域	24
稠密	58
超限帰納法	134
直積集合	22, 46
ツォルンの補題	147
デイオファントス問題	175
定義	88
定義域	24
デデキントの切断	51
ド・モアヴル	72
ド・モルガンの法則	16

同値	46
同値関係	124
同値類	125

●ナ行

ならば	100
任意の	103
濃度	140
濃度が等しい	137

●ハ行

背理法	121
反射律	124
否定命題	93
フェルマーの大定理	176
複素数	63
複素平面	65
付帯条件つき形	106
双子素数	177
部分集合	7
部分集合族	19
部分順序集合	129
分割	127
分配法則	163
分配律	14
ペアノの公理系	154, 155
冪集合	10
偏角	67
包含関係	8
包含写像	27
補集合	12

●マ行

または	98
無限集合	6
命題	92
命題関数	103

●ヤ行

有界	55
有界性	112
ユークリッドの互除法	171
有限集合	6
要素	6

●ラ行

ラッセルのパラドックス	138
累積的帰納法	165
類別	127
連続性	88
連続体仮説	146
連続濃度	143
連続の公理	52

●ワ行

和集合	10
割り切る	169

執筆者一覧(五十音順)

黒田 耕嗣 (くろだ こうじ)

鈴木 正彦 (すずき まさひこ)

福田 拓生 (ふくだ たくお)

松浦 豊 (まつうら ゆたか)

茂手木 公彦 (もてぎ きみひこ)

森 真 (もり まこと)

山浦 義彦 (やまうら よしひこ)

渡辺 敬一 (わたなべ けいいち)

すうがくきそせみなー
数学基礎セミナー

2003年2月15日　第1版第1刷発行
2018年3月 5 日　第1版第8刷発行

　　　　著　者　　　日本大学文理学部数学科
　　　　発行者　　　　　串　崎　　浩
　　　　発行所　　　株式会社　日　本　評　論　社
　　　　　　　　　〒170-8474 東京都豊島区南大塚3-12-4
　　　　　　　　　　　　電話　(03) 3987-8621 [販売]
　　　　　　　　　　　　　　　(03) 3987-8599 [編集]
　　　　印　刷　　　　　三美印刷株式会社
　　　　製　本　　　　　株式会社難波製本
　　　　装　釘　　　　　　　海保　透

ⓒ日本大学文理学部数学教室，2003年　　ISBN 4-535-78355-1

JCOPY 〈(社)出版者著作権管理機構 委託出版物〉
本書の無断複写は著作権法上での例外を除き禁じられています．複写される場合は，そのつど事前に，(社)出版者著作権管理機構(電話 03-3513-6969, FAX 03-3513-6979, e-mail: info@jcopy.or.jp)の許諾を得てください．また，本書を代行業者等の第三者に依頼してスキャニング等の行為によりデジタル化することは，個人の家庭内の利用であっても，一切認められておりません．

大学数学ベーシックトレーニング
和久井道久／著

大学数学を学ぶための"基礎体力"をつける本。大学で学ぶ際の心構えや、集合・論理・実数などの基本概念、現代数学特有の厳密な論証体系など、懇切に解説する。
◆本体2200円＋税／ISBN978-4-535-78682-0／A5判

高校数学と大学数学の接点
――これから身につけたい数学のたしなみ

佐久間一浩／著

高校数学で特にきちんと理解しておくべき三角関数、無理数、ベクトル・行列に焦点を当て、大学数学へ繋がるより深い理解へと導く。
◆本体2500円＋税／ISBN978-4-535-78705-6／A5判

これだけは知っておきたい
数学ビギナーズマニュアル［第2版］
佐藤文広／著

教科書に書かれていない、講義でも教えられない、しかし数学を理解するのに重要なポイントをやさしく解説したロングセラーの第2版。
◆本体1600円＋税／ISBN978-4-535-78755-1／A5変型判

Nの数学プロジェクト
基礎数学力トレーニング
根上生也・中本敦浩／著

基礎数学力を鍛えて、原理や構造に注目する態度「見てそれとわかる」を養えば、自ずと従来とは違う数学の世界を楽しめるようになる。この力を10項目に整理。
◆本体1500円＋税／ISBN978-4-535-78397-3／A5判

日本評論社　http://www.nippyo.co.jp/